仿生蛇形机器人技术

苏 中 张双彪 赵 旭 刘福朝 连晓峰 著

国防工业出版社

·北京·

内 容 简 介

本书针对仿生蛇形机器人技术涉及的建模与控制、地图构建、路径规划、环境感知、系统集成及应用等进行了系统介绍。

全书共包括 8 章内容,分别介绍了仿生蛇形机器人的发展现状和关键技术,仿生蛇形机器人的设计思想、设计方案和具体结构设计,仿生蛇形机器人的运动学、动力学建模、运动控制方法和联合仿真技术,SLAM 基本原理、常用方法和MiniSLAM 算法,常用的路径规划算法和改进的 A* 算法,复合织物的基本特点、应用性能、结构设计与建模、工艺,控制系统的总体方案、硬件设计和软件设计,以及仿生蛇形机器人技术的相关应用。

本书主要面向从事仿生机器人研究和工程应用的科技人员,可作为机器人控制、传感器应用、系统集成等领域的科研和工程技术人员的参考书,也可供业余机器人爱好者及模型爱好者阅读和参考。

图书在版编目(CIP)数据

仿生蛇形机器人技术 / 苏中等著. —北京:国防
工业出版社,2015. 12
ISBN 978 − 7 − 118 − 10756 − 2

Ⅰ. ①仿… Ⅱ. ①苏… Ⅲ. ①仿生机器人 – 研究
Ⅳ. ①TP242

中国版本图书馆 CIP 数据核字(2015)第 313988 号

※

国防工业出版社出版发行
(北京市海淀区紫竹院南路 23 号　邮政编码 100048)
北京嘉恒彩色印刷有限责任公司
新华书店经售

*

开本 710×1000　1/16　印张 12½　字数 235 千字
2015 年 12 月第 1 版第 1 次印刷　印数 1—2000 册　定价 56.00 元

(本书如有印装错误,我社负责调换)

国防书店:(010)88540777　　发行邮购:(010)88540776
发行传真:(010)88540755　　发行业务:(010)88540717

PREFACE | 前言

仿生蛇形机器人技术涵盖了仿生学、机械学、运动学、动力学、控制决策、传感技术等多学科，是一种以多自由度机器人为对象，立足于机器人控制和传感器测量的工程技术。

仿生搜救蛇形机器人能够满足地震、火灾、核泄漏、战情侦查等极其危险环境下的工作要求，其多步态、强柔性、高隐蔽性和高适应能力的特点受到国内外科研人员的高度重视。近年来，随着对蛇形机器人的不断深入研究，国外已经成功研究了多种不同功能、不同特点的仿生蛇形机器人。同时，该类机器人立足于机器人控制和传感器测量技术，有利于复杂机构控制和定位定向的深入研究，促进微小、柔性传感器技术的快速发展。

本书共分8章，从机器人技术的机构设计到工程实际中的具体应用，详细介绍了仿生蛇形机器人从研发到应用的必经之路。第1章讲述了仿生蛇形机器人的发展现状和关键技术；第2章讲述了仿生蛇形机器人的设计思想、设计方案和具体结构设计；第3章讲述了仿生蛇形机器人的运动学和动力学建模、运动控制方法和联合仿真技术；第4章讲述了SLAM基本原理、常用方法和MiniSLAM算法；第5章讲述了常用的路径规划算法和改进的A^*算法；第6章讲述了复合织物的基本特点、应用性能、结构设计与建模、工艺等；第7章讲述了控制系统的总体方案、硬件设计和软件设计；第8章讲述了仿生蛇形机器人技术的相关应用。

本书的第1、2章由苏中教授编写，第4、7章由张双彪编写，第5、6章由赵旭编写，第8章由刘福朝编写，第3章由连晓峰编写。本书的编写与出版得到国家自然科学基金（61261160497、61471046、61201417）、北京市科技计划课题（Z121100001612007）和北京市教委提升计划（TJSHG201310772025）的资助，在此表示衷心的感谢。

由于作者水平所限，书中难免存在不妥和疏漏之处，恳请专家、同仁和广大读者批评指正。

作 者
2015.10

CONTENTS | 目录

第1章
绪　论

1.1　应用背景与意义

目前地震、火灾、矿难等灾难发生频繁。例如,2008年的汶川地震(图1.1),2010年的玉树地震,舟曲特大泥石流,上海高层建筑火灾,2011年日本福岛地震、海啸与核污染,浙江温州的动车追尾事故等,这些灾难给人们带来了难以磨灭的精神创伤和巨大的经济损失。为尽量减少灾难引起的附带损失,在废墟环境下搜索幸存者并给予及时的医疗救助显得尤为重要。实践经验表明,超过48h后被困在废墟中的幸存者存活的概率变得越来越低。面临地形复杂、随时有可能发生二次灾难的搜救环境,搜救人员在争分夺秒开展搜救工作的同时,不但无法高效探测掩埋的生命迹象,而且将自身安全陷于危险边缘。因此,研究用于灾后搜救的探测仪器和搜救装备,成为当今完善人类生活保障措施、促进社会科技发展的必然趋势。同时,科技部《服务机器人科技发展"十二五"专项规划》中明确指出:"'十二五'我国服务机器人亟需研制消防、地震等行业中代替抢险救援人员进入危险环境的专业应急救援和安全作业机器人,并在相关灾害事故中投入实战应用。"

（a）

（b）

图1.1　汶川地震及搜救

通常,灾难现场情况复杂,废墟中形成的狭小空间使搜救人员甚至搜救犬也无法进入。不过,随着科技的不断发展,仿生蛇形机器人作为新型可移动的柔性机器人,以其多步态运动能力,能够适应复杂多变的环境,成为机器人领域的一个研究热点。经过多功能电子探测设备集成的蛇形机器人,能够替代搜救人员深入前方的未知搜救环境探测生命迹象,并且能够利用远程传输等功能,向后方救援中心汇报环境内部的实际情况,便于搜救人员制订准确的搜救方案。不仅如此,由于具有极强的环境适应能力,仿生蛇形机器人也可承担水域、核电站、井下、管道等多种环境的工作任务。因此,基于仿生蛇形机器人的研究工作,成为智能控制领域中极具潜力的一个研究分支。

1.2 研究现状

近几十年来,经过国内外学者不懈努力,对蛇形机器人的研究成果不但体现在理论上,而且也体现在本体样机的研制上,并结出了可喜硕果,国内外涌现出不同种类、不同功能的仿生蛇形机器人。这些机器人凭借不同的运动特点和功能,可适用于复杂、未知的工作环境。

1.2.1 国外蛇形机器人

蛇形机器人以其多运动步态、能够适应复杂多变环境的特点,在搜救机器人舞台上崭露头角。东京工业大学 Shigeo Hirose 提出了 Active Cord Mechanism 蛇形机器人,其率领的科研团队于 1972 年研制出世界上第一个命名为 ACM 的蛇形机器人[1]。随着研究的深入,先后研制出具有代表性的 ACM – Ⅲ、ACM – R2、ACM – R3 和 ACM – R4 等陆地蛇形机器人[2,3],这些机器人已经从只能做简单的二维运动,发展到了适应凹凸不平的崎岖地面。为满足水下探测需要,该团队又研发了名为 ACM – R5 的水陆两栖蛇形机器人[4],如图 1.2 所示。该机器人的关节设计了一对驱动伺服电动机,通过齿轮系统传动,可实现俯仰和偏航运动,如图 1.3 所示。在每节躯干单元的外侧,每隔 60°安装一个带有小从动轮的叶片,这样,在关节进行防水处理后,ACM – R5 既可实现陆上的蜿蜒、翻滚和侧

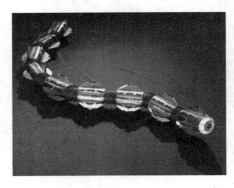

图 1.2　ACM – R5　　　　　　图 1.3　ACM – R5 的关节内部结构

向运动,又可水下自由游动,并且其游动速度不低于 0.9m/min。在机器人的头部装有一部摄像头,凭借自身的无限传输功能,可以将摄像头采集到的数据传输给上位机,以便进行数据处理。该蛇形机器人可通过尾部的电源接口实现有线供电,当进行水下作业时,还可通过自身携带的聚合物锂电池进行自主供电。

德国国家信息技术研究中心于 20 世纪末,先后研制出 GMD – Snake 和 GMD – Snake2,如图 1.4 和图 1.5 所示。GMD – Snake 头部带有用于探测障碍物的压力传感器和照明用的 LED 灯,各个关节装有可检测角度的弹簧触点装置,以及用于控制水平和垂直方向的驱动电机,该机器人能够完成平地爬行和越障爬行[5]。

基于 GMD – Snake 功能和结构的研究,GMD – Snake2 的头部装有一个用于图像识别的摄像头,每节躯干单元的壳体由圆柱形铝材构成,其关节与 GMD – Snake相同,通过两个电动机连接而成的万向节实现,如图 1.6 所示。在壳体外侧每隔 60°安装一对小从动轮,壳体内部装有能感知运动状态的加速度传感器,以及用于测量距离的机械 – 光学传感器。GMD – Snake 和 GMD – Snake2 需要外部提供 24V 电源[6]。

图 1.4　GMD – Snake

图 1.5　GMD – Snake 关节

美国密歇根大学研制的 OmniTread OT – 4 和 OmniTread OT – 8 蛇形机器人具有独特的结构,如图 1.7 所示,该系列机器人由 7 节躯干单元组成,每个单元具有各自的作用。单元①为有效载荷单元,单元②和单元⑥为空气压缩器,单元③和单元⑤为能源单元,单元④为驱动单元。在每个躯干单元外与地面接触的平面上分别装有一对履带,以保证机器人发生机体翻转时仍具有足够的爬行能力。躯干单元之间设计了气动二自由度的关节,利用气动驱动关节可实现 OmniTread 蛇形机器人的俯仰和偏航运动。OmniTread 蛇形机器人利用两块并联的7.4V、730mAh 的聚合物锂电池作为驱动电源,安装在驱动电机两侧。OmniTread OT – 8 与 OmniTread OT – 4 不同之处在于可实现无线操控,可通过直径为8in(1in = 2.54cm)的管道,而 OmniTread OT – 4 需要有线操控,仅能通过 4in 通

图 1.6 GMD – Snake2

图 1.7 OmniTread 蛇形机器人结构

道。在脊柱结构内 OmniTread 机器人具有很强的翻越能力,能够适应丛林、戈壁、管道等崎岖环境,爬行速度可达到 0.9m/min[7]。

美国 Gavin Miller 带领团队研制了 S 系列的蛇形机器人,其中,S5 蛇形机器人具有极高的仿生效果,如图 1.8 所示。该机器人由 64 个伺服电机和 8 个伺服控制躯干单元组成,每个单元的内部结构如图 1.9 所示,可见该结构仅能进行偏航运动。此外,S5 由自身携带的 42 块聚合物锂电池完成供电。由于 S5 的躯干关节数量大、长径比小,所以平面蜿蜒运动具有极高的仿生效果。为实现距离检测、运动测量、图像采集、转动等功能,Gavin Miller 对最新款的 S7 蛇形机器人集成了多种传感器,如图 1.10 所示。

图 1.8 蛇形机器人 S5

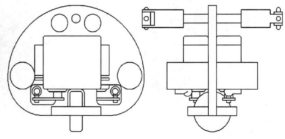

图 1.9 S5 蛇形机器人的躯干单元结构简图

美国卡耐基梅隆大学主要研究用于攀爬的模块化蛇形机器人,具有代表性的蛇形机器人为 Uncle Sam,如图 1.11 所示。该机器人研制考虑了尺寸、功耗和速度等因素对步态控制的影响,图 1.12 所示为单模块的结构示意图,机身全长为 94cm,直径为 5.1cm。每个模块装有一个伺服电机,通过减速结构实现驱动杆的动力输出,并且驱动杆与连接杆正交设计,将两个模块进行连接后,水平方向和铅垂方向的驱动杆可实现偏航运动。卡耐基梅隆大学模块化蛇形机器人采用螺旋步态实现向前爬行,具有很强的翻越能力,根据攀爬方式不同,分为内攀爬式和外攀爬式两种,二者均以自身和外部环境的摩擦作为力学约束条件,通过

图 1.10　蛇形机器人 S7

图 1.11　蛇形机器人 Uncle Sam

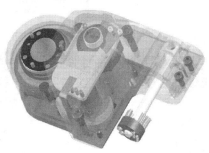

图 1.12　单模块的结构示意图

身体的运动,实现沿壁或杆(柱)体爬行,适用于在空间狭窄的管道、墙壁狭缝、杆(柱)体等环境爬行。该机器人结构具有运动灵活的特点,需要有线控制和外接电源[8,9]。

卡内基梅隆大学协助研发了一种铂硅复合的皮肤,既能保护机器人机构,还能适应湿地、沙地、灌木丛等环境,进而研制了一种具有皮肤驱动能力的蛇形机器人(TSDS),通过控制皮肤向后运动,实现身体向前运动,如图 1.13 所示[10]。

图 1.13　皮肤驱动的蛇形机器人 TSDS

挪威科技大学研发了用于火灾扑救的蛇形机器人 Anna Konda,其体型较大,躯干采用金属材料加工,装有 20 个液压马达,身长为 3m,总质量 75kg。该机器人头部带有两个灭火剂喷嘴,当火灾发生时,可对准火源进行扑救,如图 1.14 所示[11]。

图 1.14　蛇形机器人 Anna Konda

为深入研究障碍辅助运动步态,挪威科技大学又研制了名为 Aiko 和 Kullo 的蛇形机器人,如图 1.15 和图 1.16 所示,尽管二者为无轮式的蛇形机器人,但均可实现多步态运动。Aiko 身长 1.5m,总质量 7kg,采用直流电机驱动,需外接电源供电,未携带任何传感器[12,13]。

图 1.15　蛇形机器人 Aiko　　　　图 1.16　蛇形机器人 Kullo

而由 10 节躯干单元组成的 Kullo,每个单元均装有压力传感器,可感知机器人自身与外界的作用力。Kullo 的躯干单元具有光滑的球形外壳,包裹着一个环形和两个半环形的金属框架,通过两个输出轴为正交安装的伺服电机以及齿轮系统的传动装置,可实现水平方向的框架发生俯仰、铅垂方向的框架发生偏航运动,躯干单元的结构示意图如图 1.17 所示。

1.2.2　国内蛇形机器人

我国对蛇形机器人本体的研制稍晚于国外,但研发脚步逐渐赶上国外发展水平,近年来也取得了可喜成果。

中国科学院沈阳自动化研究所以马书根为核心的机器人研发团队,通过与日本合作,共同研制出具有代表性的蛇形机器人巡视者Ⅱ和探查者Ⅲ,如图 1.18 和图 1.19 所示。

图 1.17　Kullo 躯干单元的结构示意图

图 1.18　巡视者 Ⅱ

图 1.19　探查者 Ⅲ

　　巡视者 Ⅱ 由金属材质的躯干单元组成，全长约 1.2m，总质量 8kg，单元间通过特有的万向节链接，能够实现俯仰、偏航和滚转三轴转动，每节躯干单元周围装有"体轮"，可减小运动阻力、提高运动效率，其头部装有视觉传感器和 GPS 系统，用来辅助运动控制。此外，该机器人可自身携带电源，并可实现无线操控[14]。

　　基于对巡视者 Ⅱ 的研究，探查者 Ⅲ 可实现水陆两栖复杂环境的运动，共由 9 节躯干单元组成，总长 1.17m，总质量 6.75kg。为适应水下环境，在躯干单元的径向每隔 45°安装一个带有从动轮的桨，而取代了"体轮"，并且在单元之间增加了防水密封装置。单元内采用两个伺服电机驱动，通过齿轮系统传动实现俯仰和偏航运动，单元结构如图 1.20 所示，当左右齿轮同向运动时发生俯仰运动，当左右齿轮进行相反方向运动时发生偏航运动[15]。

　　上海交通大学研制的适合于攀爬的 CSR 机器人，全长约 1.5m，总质量约 2.7kg，由 15 个具有俯仰和滚转功能的躯干单元组成，外面包裹一层可增大接触力的胶带，如图 1.21 所示[16]。

　　与其他类型机器人不同，该机器人的躯干单元两端可实现绕径向转动、中间可绕轴向转动、改变径向转动的角度，从而实现机器人能绕柱体攀爬。

图 1.20　探查者Ⅲ的单元结构

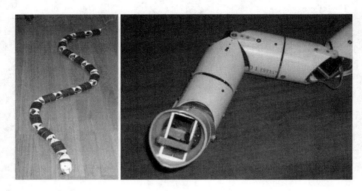

图 1.21　蛇形机器人 CSR 及其躯干单元

国防科技大学研制的蛇形机器人(简称 NUDT SR),总长 1.2m,总质量 1.8kg,可实现蜿蜒运动,最大前进速度可达 20m/min,其头部带有视频采集装置,如图 1.22 所示,然而目前关于该机器人的资料很少[17]。

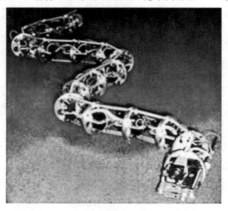

图 1.22　国防科技大学的蛇形机器人

1.2.3 蛇形机器人分类

国内外研制的蛇形机器人在结构上主要均有两大特点:一是连接机器人躯干单元的连接关节转动功能;二是机器人与外界接触的轮关节。

目前,蛇形机器人躯干单元均采用连杆式结构,躯干单元根据单轴转动、双轴转动和三轴转动的实现情况,可进行分类。将单轴转动的关节按照转动轴的平行安装,可称为单轴平行安装方式的单轴转动关节,可实现蛇形机器人的蜿蜒爬行和蠕动。而将单轴转动的关节按照转动轴的非共面正交安装,可称为非共面单轴正交安装方式的双轴转动关节,不仅能够实现蜿蜒爬行和鼓风琴运动,还能完成侧向运动和攀爬运动。还有一种将单轴转动的关节按照转动轴的共面正交安装,可称为共面轴正交安装方式的双轴转动关节,如CRS。还有一种双轴转动关节是通过齿轮系统设计,实现俯仰和偏航,如ACM - R5 和 Kullo 等。三轴转动关节不但可以实现俯仰和偏航运动,还能够绕躯干单元的轴线方向进行转动,如 GMD - Snake2,尽管由此结构组成的蛇形机器人能实现三维运动,但对伺服电机的输出力矩要求很高,从而导致机器人的尺寸大、功耗大。

轮关节可分为主动轮和从动轮,主动轮能够提高爬行能力,从动轮是为满足机器人在蜿蜒运动时摩擦力的各向异性条件而设计。根据运动步态和功能的不同,蛇形机器人可以分为有从动轮结构和无从动轮结构。根据这两个特点,可以将前面所述蛇形机器人进行分类,如表 1 - 1 所列。

从步态实现的角度,可以对表 1 - 1 所列机器人作进一步划分,具体内容如表 1 - 2 所列。

表 1 - 1　按结构对蛇形机器人分类

形式	单轴转动关节	双轴转动关节			三轴转动关节
		非共面单轴正交安装	共面单轴正交安装	齿轮系	
有从动轮	ACM - Ⅲ 、S5 、S7	ACM - R2、ACM - R3 、ACM - R4	—	—	GMD - Snake2
无从动轮	NUDT SR	Uncle Sam、Aiko、DSTS	CSR	巡视者Ⅱ、探查者Ⅲ ACM - R5、Kullo	GMD - Snake
主动轮	OmniTread - OT4 OmniTread - OT8	—	—	—	—

表 1 - 2　按运动步态对蛇形机器人分类

运动步态	不同类型的蛇形机器人
蜿蜒运动	ACM - Ⅲ、ACM - R2、ACM - R3、ACM - R4、ACM - R5、GMD - Snake、GMD - Snake2、S5、S7、Aiko、Kullo、DSTS、NUDT SR、巡视者Ⅱ、探查者Ⅲ
直线运动	DSTS
鼓风琴运动	OmniTread - OT4、OmniTread - OT8
侧向运动	Kullo、ACM - R5、探查者Ⅲ
攀爬运动	CSR、Uncle Sam

1.2.4　理论研究

1. 形态建模

经历了"优胜劣汰"自然法则的选择,生物蛇所具有的运动步态是无足脊椎动物行走步态的典范。国内外学者通常将拟定的形态曲线作为理想的运动曲线,控制蛇形机器人的运动曲线向理想形态曲线逼近,逼近的形态曲线越流畅自然,越贴近实际,仿生爬行效率越高。在研究蛇形机器人运动步态时,采用不同的形态曲线具有不尽相同的爬行效果。为建立合理的运动形态,国内外展开了研究,并取得了一些成果。

蜿蜒运动是目前国内外研究最多的一种二维步态,其侧向波传递过程与正弦曲线变化相似,相位和波动幅值随着时间发生变换。Clothoid 曲线是通过对两个具有半周期的 Cornu 螺旋线连接而成,可作为蜿蜒运动逼近,但两个螺旋线在连接点处并不连续,存在奇异点问题[1]。东京工业大学 Shigeo Hirose[3] 通过对生物蛇运动的实验和观察,提出了用于逼近蜿蜒运动的 Serpenoid 曲线,并与正弦曲线和 Clothoid 曲线进行实验对比及分析,结果显示 Serpenoid 曲线具有较好的模拟效果。中国科学院沈阳自动化研究所马书根[18] 提出了 Serpentine 曲线,从运动效率角度证明了该曲线比 Serpenoid 曲线具有更好的模拟效果。

当生物蛇沿杆向上攀爬或侧移时,运动形态体现为三维螺旋曲线,为准确描述该曲线,Hiroya Yamada[19] 采用 Frenet - Serret 方程,建立运动外形的三维曲线模型,Joel Burdick 等[20] 通过分析侧移运动过程,将蛇体结构分为地面接触部分和拱形部分,采用分段形式建立三维运动曲线,上海交通大学孙洪[21] 针对无轮结构的蛇形机器人,建立了基于螺旋角的等距螺旋曲线,以上方法均具有较好的逼近效果。

2. 运动学建模和动力学建模

运动学模型和动力学模型是蛇形机器人的控制基础。基于前人对生物蛇形态曲线的初步探索,为深入研究蛇形机器人步态,运动学模型和动力学模型成为该领域的研究重点。根据蛇形机器人的运动步态特点,可以将运动学模型和动力学模型分为二维步态和三维步态两种。

1）二维步态

蛇形机器人的二维步态主要指的是蜿蜒、内攀爬和蠕动（也称行波步态）。蜿蜒步态与生物蛇的蜿蜒运动相同；蠕动步态犹如尺蠖蠕动，但其效率很低；内攀爬步态类似于鼓风琴运动，是利用机器人两个外侧表面与外界的接触摩擦力及自身分步向前运动。

蜿蜒运动作为具有高效率的运动步态，成为学者们对二维步态的主要研究对象。东京工业大学 Shigeo Hirose 对生物蛇运动过程进行了观察和骨骼解剖分析，建立了连杆机构作为蜿蜒步态的运动学模型以及平面和坡面地形条件下动力学模型，从数学角度得出蜿蜒运动的产生条件为摩擦力存在各向异性，并且发现生物蛇在爬行时，位于蜿蜒曲线两侧波峰处的腹部会向上抬起，将此运动称为 Sinus – lifting。随着对 Sinus – lifting 运动研究的不断深入，东京工业大学 Hiroya Yamada 等[22]提出了弧形结构的蛇形关节，通过仿真和实验进行初步验证。纽约大学 David L. Hu 等[23]建立了切向和法向的摩擦力模型，并在不同角度的坡度下，对生物蛇进行了爬行实验，进一步证明了蜿蜒运动的产生条件。加州理工学院 Scott Kelly[24]和 Jim Ostrowski[25]等针对装有 3 个从动轮的连杆型蛇形机器人，利用拉格朗日法建立了蜿蜒动力学模型，并进行了可控性分析[24,25]。瑞典马达拉伦大学的 Martin Nilsson[26]通过对动力学模型的理论推导，得出即使在各向同性的摩擦力作用下，仍存在效率低的蜿蜒运动的结论。班固利恩大学 A-mir Shapiro 等[27]在 Walton 的摩擦力模型基础上，建立了蛇形机器人内攀爬方式的摩擦力表达式，在常规、线性和非线性 3 种摩擦力情况下，研究法向摩擦力和切向摩擦力的特性。为提高蛇形机器人对外界复杂环境的适应性，挪威科技大学 Pal Liljeback[28]分析了机器人自身与障碍物之间的位置关系，提出了平面运动的障碍辅助运动步态，建立了蛇形机器人的动力学模型。佛罗里达国际大学 Diana Rincon 等[29]通过对四连杆蛇形机器人的蠕动步态分析，建立了运动学模型和动力学模型。

国内对蛇形机器人二维步态的研究也取得了一些成果。中国科学院沈阳自动化研究所马书根等[30]建立坡面地形条件下的运动学模型、动力学模型，研究了坡面角度与摩擦力之间的关系，通过对无侧滑条件下的运动步态进行仿真，确定了步态实现的优化参数。李斌等[31]提出了基于乐理的步态控制方法，通过定义乐理符号、规则等，实现了蛇形机器人蜿蜒运动控制。浙江大学张佳帆等[32]通过对生物蛇蠕动步态分析，建立了蠕动步态的运动学模型。

2）三维步态

蛇形机器人的三维步态包括侧移步态和攀爬步态，两种步态与生物蛇的运动相同，并且均具有螺旋曲线的特点。

美国约翰霍普金斯大学 G. S. Chirikjian[33]从几何角度定义了两个螺旋线方

向角,通过建立单位弧长的表达式,进而建立了全长度的螺旋侧移运动的运动学模型,并通过计算机对侧移和转弯进行仿真实现。

卡耐基梅隆大学 Ross L. Hatton[34]分析了螺旋侧移运动的特点,认为在坡面地形条件下,生物蛇的侧移运动曲线为椭圆螺旋曲线,建立了身体和地面接触点与椭圆之间的几何关系式。Chaohui Gong[35]基于前人的研究基础,提出了利用侧移运动的锥形螺旋曲线,实现蛇形机器人绕固定点侧移转弯的方法。

为了让蛇形机器人运动曲线平滑,Shigeo Hirose 等[22]提出了弧形连杆结构,基于 Frenet - Serret 方程,建立了弧形结构的三维模型,针对 Sinus - lifting 运动进行仿真和实验验证,结果表明运动曲线平滑。

国内对三维步态的动力学模型研究很少,上海交通大学孙洪[21]在研究攀爬型蛇形机器人时,提出三连杆蠕动方式,在理想情况下,建立了攀爬的数学模型。

二维运动学和动力学模型的研究成果很多,为三维步态的研究提供了理论基础。根据蛇形机器人的实际工作环境的复杂性,三维步态的运动学模型和动力学模型需要进一步研究。

3. 蛇形机器人的步态控制

对蛇形机器人的步态控制分为二维步态控制和三维步态控制。目前的研究成果主要着重于二维步态控制,通常情况下,采用开环控制即可实现蛇形机器人的步态运动,而为控制蛇形机器人运动智能地、高效率地运动,需要研究闭环的控制系统实现步态控制。

目前,关于蛇形机器人控制方法的研究很多,都是基于动力学模型,建立每个关节角数学关系式,从而设计步态控制器。东京工业大学 H. Date[36]在侧滑约束力的条件下,根据蛇形机器人头部速度,设计头部跟踪已规划路径的跟踪率,实现了对机器人的路径控制。东京工业大学 Prautsch 等[37]提出蜿蜒运动的速度控制方法,通过李亚普诺夫方程得到控制方程,以控制输入量的大小衡量系统能量消耗水平,得出了约束为功耗最小时蜿蜒运动的速度控制参数。为避免蛇形机器人的直线状态的奇异情况,东京工业大学 Fumitoshi Matsuno 等[38]分别设计了动态操纵性和约束力的价值函数,通过控制身体形状来满足价值函数。约克大学 Junquan Li 等[39]建立了蛇形机器人的动力学模型,采用被动控制方法设计了控制器,并用李亚普诺夫理论验证了系统的稳定性。为解决关节受外界环境阻碍,而导致蛇形机器人无法运动的问题,挪威科技大学 Pal Liljeback 等[40]研究接触力和相对角的关系,设计了关节相对角的比例 - 微分控制器,该控制器通过对机器人的接触力的测量,调整关节相对角,实现障碍辅助自适应的前进步态,并且利用非线性理论分析了二维步态控制系统,认为蛇形机器人渐进稳定到平衡点的控制率是时变的,并且当与地面的摩擦力为各向同性时系统不可控,当为各向异性时系统为强可达到的。

国内从事蛇形机器人的科研单位在控制方法上也取得了一些成果。为实现轮式蛇形机器人的蜿蜒运动，沈阳自动化研究所马书根等[41]以轮高、头部的方向角和头部的高度作为状态变量，将各关节的相对转角作为控制量，设计闭环控制回路，仿真结果显示，在蜿蜒曲线控制的同时，头部位置和方向均得到较好的控制效果。陈丽等[42]将三维侧向运动看作水平方向和垂直方向蜿蜒运动的复合，建立了空间运动方程。为研究蛇形机器人缆索攀爬步态，魏武[43]采用迭代链拟合方法和关键帧提取的联合方法，对蛇体曲线进行拟合并生成运动步态。卢振利等[44]通过分析神经元模型的特性，提出采用循环抑制的中枢模式发生器（CPG），控制蛇形机器人的二维和三维步态，以及实现步态转换，又提出层次化连接 CPG 模型，控制机器人的三维步态，该方法不完全依赖动力学模型，可根据控制器的输出规律，实现对机器人关节的转角控制，从而实现蜿蜒运动。王智锋[45]从能量传递的角度，提出了被动蜿蜒控制方法，该方法能够让蛇形机器人不主动测量环境信息，依靠自身能量状态被动地适应环境。Xiaodong Wu 等[46]通过分析单向连接的 CPG 模型，提出了反馈式 CPG 模型，初步分析了 CPG 参数对蜿蜒运动的影响，从仿真和实验两方面验证了步态控制的反馈式 CPG 模型。

1.2.5　蛇形机器人研究现状分析

综上对蛇形机器人理论和本体样机的研究，从以下 4 个方面对其进行分析。

1. 运动性能分析

蛇形机器人的运动步态研究得到一定程度的发展。蜿蜒运动是一种具有高效率的运动步态，成为步态研究重点，其他步态如蠕动、攀爬等也均得以实现，但这些步态与生物蛇相比，仿生效果尚存在一定差距。目前的蛇形机器人大多具有平面运动能力，但三维运动能力匮乏。究其原因有以下 3 点：一是蛇形机器人躯干单元采用单轴转动关节，生物蛇在空间上可灵活转动，使自身展现出更好的柔性效果，而蛇形机器人必须采用具有双轴或三轴转动关节，才能达到模拟生物蛇运动的逼真效果；二是躯干单元尺寸大，输出效率低，导致运动效果不佳，所以需要实现伺服电机小型化；三是三维运动理论研究处于瓶颈，仍需要进一步完善。目前正处于蛇形机器人理论研究的初步探索阶段，主要以适合平坦路面的二维运动为重点，对于运动产生机制、步态节奏控制方法等方面具有探索性的研究意义，而对于空间三维运动研究甚少，如当机器人遇到低矮障碍时，或外界干扰引起身形发生大幅度变化时，凭借现阶段的理论水平很难顺利完成翻越运动，或调节自身体形适应环境，并向前运动。可见，对于蛇形机器人运动理论研究尚不够，远不足以构建研发高仿真蛇形机器人的理论框架。

2. 功能特性分析

经过对蛇形机器人不断研发，其运动能力开始向实现复杂运动方向发展。双轴转动关节的研制提高了机器人的灵活性和集成度，为三维运动的高仿生运动提供了基础。尝试性地将适应领域从陆地向水陆两栖发展,使蛇形机器人不仅具有陆地爬行能力,还具有水中的游动能力。

最新研发的蛇形机器人具有了一定的环境感知能力,其集成的压力、视觉、距离、角度、速度等传感器,使机器人能掌握所处环境的相关信息,通过数据融合技术,可调节其适应环境的控制参数,满足该环境下的运动要求。此外,蛇形机器人在结构上开始向具有变形、分体等新功能发展,这样结合多传感器融合技术,使自身时刻敏感外部环境,可进行分体协同运动,以及完成必要的变形运动。这些都为机器人的自主运动实现提供了基本条件。

然而,在实现这些功能过程中仍然存在一些问题。水陆两栖机器人在水中需要不断运动,由于密封部位处于周期性交替拉伸和舒张过程,长时间工作引起密封部位出现疲劳开胶,导致内部漏水,使控制系统无法正常工作,这便为机器蛇防水关节的密封性和续航时间提出了一定挑战。对于暴露在外界的关节,其容易受到外界猛烈的碰撞而破坏,所以需要选择合适的结构和高强度的材料作为加工的原材料,或者采用设计外加关节的保护套等措施来应对。对于某些工作环境,仅仅依靠躯干单元的伺服电机机动力实现运动,不能得到有效的、高效率的爬行结果,可以考虑通过对从动轮施加动力,成为驱动轮,增强运动能力。在集成电路的设计上,需要格外考虑系统在集成各种传感器后的可靠性问题,如散热等。为满足多功能、长续航的工作要求,蛇形机器人在保证低负载、方便携带的条件下,需要装配一定体积的高容量电池。

3. 运动环境分析

蛇形机器人的运动环境开始从二维平面环境向三维复杂环境发展。纵观蛇形机器人的理论研究,均以结构环境为应用背景(即外界环境为已知的、有规则的),主要以平面的二维运动为主,适合实验室研究、核电站等具有平坦路面的工作环境。对于丛林、草地、戈壁、震灾废墟等多障碍、甚凹凸、极崎岖等非结构环境的应用,蛇形机器人的应用便具有很大的局限性,需要深入研究三维运动。况且,对于运动控制的研究,一种是以动力学为基础的有模型控制,另一种是以神经生理学 CPG 为主的控制方法。基于动力学模型的控制方法,在结构环境下运动控制研究具有清楚、直观和便于理解的特点,但对于非结构环境下,基于该方法建立的模型则会极其复杂。而对于 CPG 控制方法,不依赖机器人精确的物理模型,便提供较可靠的控制信号,并且此控制方法具有很好的稳定性,可结合自适应控制理论,提高蛇形机器人运动步态的仿生效果。

4. 项目资助分析

随着国内外对蛇形机器人的关注度不断提高,对该领域的研究在不同国家得到格外重视,均得到了高水平的科研资助。

日本对蛇形机器人的资助主要包括教育部科学、体育、文化、财政资助科学研究先进机器人研发的创新工程项目、国际救援系统研究所和国立地球科学防

14

灾研究所共同资助的社会防震减灾项目等。美国对蛇形机器人研究受到了国家科学基金、国防部高级研究计划局等的顶级资助，而且，也得到了海军青年研究学者部门的资助。

在我国，蛇形机器人研发同样备受重视，得到了国家、省地方的重点资助，其中，包括国家自然科学基金、国家高技术研究发展计划（863项目）、中国科学院知识创新工程青年人才领域前沿项目、北京市科技计划项目、北京市教委创新能力提升计划项目、中央高校基本科研业务费专项资金项目、湖南省张花高速公路支持项目以及交通运输部西部交通建设科技项目等资助。

1.3 关键技术

从上述对蛇形机器人的发展现状中可知，经历几十年不断研究，蛇形机器人能够以多种运动步态在平面、斜坡等平整环境下任意"行走"，在水域中自由"游泳"，还能凭借集成的影像采集设备"观察"周围事物，然而，面对具有发生二次灾难的复杂搜救环境下，有效的自主探测能力和生存能力存在"进不去"（由于缺乏触觉、摩擦觉和大比例变形能力，难以适应复杂路径）、"出不来"（在遭受二次灾难导致部分受损时，无法实施搜救任务）两个技术瓶颈。因此，本书以灾难搜救为背景，以研制具有皮肤感知自主柔性变形的仿生蛇形机器人为任务，总结以下关键技术。

1）具有空间可变形能力的仿生蛇形机器人的结构设计

设计出满足救灾搜救环境要求的机械结构，以实现机器人在直径方向大变形、长度方向可分体，是提高仿生蛇形机器人搜救效率和生存能力的基本条件。而且为确保机器人在分体后各部分仍能单独工作，必须考虑控制器、执行机构、传感器和电源的安装设计问题。因此，结构设计是最基本的、最重要的关键技术。

2）机器人系统动力学模型

仿生蛇形机器人具有多自由度、欠驱动和多运动步态的特点，为实现对该机器人的有效控制，最关键的一步便是根据机器人的结构建立动力学模型。针对本书主要介绍蛇形机器人的特殊性，更具有建立空间可变形分体的柔性多冗余搜救机器人系统的动力学模型，进而建立自主柔性变形搜救机器人的多种步态运动理论。

3）机器人控制方法

仿生蛇形机器人属于串–并联混合型机器人，其主要的运动步态具有强耦合型特点，并且加上外界环境的不确定性、多干扰条件，确保仿生蛇形机器人的控制有效性，必须研究可行的解耦控制方法和抗干扰性强的控制方法。

4）非结构环境下的地图构建和路径规划

机器人的环境感知功能和自主功能主要体现在地图构建和路径规划上。研究地图构建不但可以让后方救援中心预先掌握搜救环境的实际情况,而且为提高机器人自主路径规划提供必要的环境信息。研究自主路径规划是为了提高机器人在复杂环境时,有效、准确地决策出可行的路径方案和运动步态,从而提高搜救效率。

5）具有感知功能的复合织物电子皮肤

环境感知不仅需要主动式探测环境的"眼睛"（如激光、雷达）,更需要机器人直接感知环境信息,即赋予机器人感觉外界的功能。因此,为提高蛇形机器人的适应能力和环境感知能力,需要研究具有全空间环境信息感知能力的智能织物皮肤,这不但能够通过机器人自身功能,也可通过无线传输功能,向后方救援中心发送搜救环境的信息。

结合以上关键技术,本书通过7个章节进行了详细介绍。

第2章,为提高仿生蛇形搜救机器人对复杂环境的适应能力,得到高效、可靠、稳定、合理的机器人"身躯",首先分析了生物蛇的身体结构和运动形式,提出了仿生蛇形机器人的结构设计基本要求。然后,对移动机构方案、躯干结构设计方案、分体结构设计方案、变形结构设计方案和关节驱动装置进行了详细介绍。随后,在结构设计软件 UG 的基础上,根据机器人各个部位的结构特点,对头、尾、躯干、分体、变形等局部关节的结构进行了具体设计。最后给出了仿生蛇形机器人的整体安装示意图。

第3章,主要介绍仿生蛇形机器人建模与控制。首先,将运动学模型分为基于形态学的运动学模型和基于连杆结构的运动学模型分别进行详细介绍,并对该仿生蛇形机器人的蜿蜒、转弯、蠕动、翻滚、匍匐、侧向移动、分体、变形等多种运动方式进行仿真。然后,在介绍常用的动力学建模方法的基础上,主要介绍了基于拉格朗日方法在非完整约束下的动力学模型。并且,由于仿生蛇形机器人的控制具有强耦合性,本章介绍了基于动力学的解耦控制方法。针对仿生蛇形机器人的运动具有周期性特点,介绍了基于 CPG 理论的驱动关节的控制方法。

第4章,主要介绍了仿生蛇形机器人的 SLAM 技术。针对搜救机器人应用环境的危险特点,为提高机器人在复杂环境中导航、路径规划、避障策略等能力,在概述国内外常用的 SLAM 方法和机器人的位姿模型、里程计模型和坐标变换等的基础上,对 SLAM 基本原理以及常用的方法进行了详细介绍。激光测距仪是实现 SLAM 技术的常用测量器件,本章介绍了基于激光测距仪的 MiniSLAM 算法的建模和算法。最后,分别在结构环境下和模拟灾难环境下对仿生蛇形机器人的 SLAM 技术进行了试验。

第5章,主要介绍了搜救机器人的路径规划方法。为提高搜救机器人智能化、自主化的关键技术,首先,概述了路径规划算法的研究现状,对路径规划算法进行了分类,介绍了最优路径评价标准和常用的路径规划算法。然后,分别通过案例对搜救机器人的 A^* 算法、蚁群算法、融合算法进行了说明和分析。最后,介绍了改进的 A* 算法,以复杂环境下能量耗费为决策标准,对仿生蛇形机器人案例进行了验证。

第6章,介绍了复合织物电子皮肤技术。为赋予搜救机器人对外界环境的感知能力,提高搜救机器人对复杂环境的适应能力和生存能力,首先介绍了导电材料的导电机理,并对原位聚合法制备聚苯胺/纯棉复合织物的实验进行了详细介绍。然后,通过对聚苯胺/纯棉复合织物的具体制备过程、检测条件、"开关"性质和测试方法等进行了研究。随后,介绍了复合织物电子皮肤技术,在建立皮肤的三维模型和特性分析的基础上,对织物皮肤的电路板进行了设计和加工。最后,将完成制作的复合织物皮肤进行了拉伸试验。

第7章,从系统总体设计、硬件设计和软件设计等3个方面对仿生蛇形机器人系统集成进行了介绍。根据控制系统结构,对主控制系统、惯性导航定位模块、运动控制器、环境感知模块和通信模块的设计、功能和用途进行了介绍。针对仿生蛇形机器人所具有的功能,设计了人机交互 APP 软件。最后在灾害环境模拟平台上进行了仿生蛇形机器人的功能试验。

第8章,从工业、医疗、军工、环境、家庭等多个领域介绍仿生蛇形机器人技术的相关应用情况。

参 考 文 献

[1] Hirose S. Biologically Inspired Robots (Snake – like Locomotors and Manipulators) [M]. Oxford University Press, 1993.

[2] Mori M, Hirose S. Three – dimensional serpentine motion and lateral rolling by Active Cord Mechanism ACM – R3[C], Proceedings of the IEEE/RSJ International Conference on Intelligent Robots and Systems, 2002:829 – 834.

[3] Takaoka S, Yamada H, Hirose S. R4:2011Snake – like Active Wheel Robot ACM – R4. 1 with Joint Torque Sensor and Limiter[C]. IEEE/RSJ International Conference on Intelligent Robots and Systems, 2011: 1081 – 1086.

[4] Yamada H, Hirose S. Study of a 2 – DOF Joint for the Small Active Cord Mechanism[C]. IEEE International Conference on Robotics and Automation, 2009:3827 – 3832.

[5] Worst R, Linnemann R. Construction and Operation of a Snake – like Robot[C]. IEEE International Joint Symposia on Intelligence and Systems, 1996: 164 – 169.

[6] Klaassen B, Paap K. GMD – Snake2:A Snake – Like Robot Driven by Wheels and a Method for Motion Control[C]. Proceedings of IEEE International Conference on Robotics and Automation, 1999(4): 3014 – 3019.

[7] Borenstein J, Borrell A. The OmniTread OT – 4 Serpentine Robot[J]. IEEE International Conference on Robotics and Automation, 2008:1766 – 1767.

[8] Wright C, Buchan A, Brown B, et al. Design and Architecture of the Unified Modular Snake Robot[C]. IEEE International Conference on Robotics and Automation (ICRA), 2012:4347 – 4354.

[9] Wright C, Johnson A, Peck A, et al. Design of a Modular Snake Robot[C]. Proceedings of the IEEE/RSJ

International Conference on Intelligent Robots and Systems,2007:2609 – 2614.

[10] McKenna J,Anhalt D, Frederick Bronson et al. Toroidal Skin Drive for Snake Robot Locomotion[C]. IEEE International Conference on Robotics and Automation, 2008:1150 – 1155.

[11] Liljeback P,Stavdahl Ø, Beitnes A. Snake Fighter – Development of a Water Hydraulic Fire Fighting Snake Robot[C]. The 9th International Conference on Control, Automation, Robotics and Vision, 2006:1 – 6.

[12] Transeth A, Liljeback P, Pettersen K. Snake Robot Obstacle Aided Locomotion: An Experimental Validation of a Non – smooth Modeling Approach[C]. Proceedings of the IEEE/RSJ International Conference on Intelligent Robots and Systems,2007:2582 – 2589.

[13] Liljeback P, Pettersen K,Stavdahl Ø. A Snake Robot with a Contact Force Measurement System for Obstacle – aided Locomotion[C]. IEEE International Conference on Robotics and Automation,2010:683 – 690.

[14] 叶长龙,马书根,李斌,等. 三维蛇形机器人巡视者Ⅱ的开发[J]. 机械工程学报, 2009, 45(5): 128 – 133.

[15] 郁树梅,王明辉,马书根,等. 水陆两栖蛇形机器人的研制及其陆地和水下步态[J]. 机械工程学报, 2012, 48(9): 18 – 25.

[16] 孙洪,刘立祥,马培荪. 一种新型的攀爬蛇形机器人[J]. 传动技术, 2008, 22(3):34 – 48.

[17] 吉爱红,戴振东,周来水. 仿生机器人的研究进展[J]. 机器人, 2005, 27(3):284 – 288.

[18] Ma S. Analysis of Snake Movement Forms for Realization of Snake – like Robots[C]. Proceedings of the IEEE, International Conference on Robotics& Automation,1999:3007 – 3013.

[19] Yamada H, Hirose S. Study on the 3D Shape of Active Cord Mechanism[C]. Proceeding of the IEEE International Conference on Robotics and Automation,2006:2890 – 2895.

[20] Burdick J W,Radford J, Chirikjian G S. A Sidewinding Locomotion Gait for Hyper – Redundant Robots [C]. IEEE International Conference on Robotics and Automation, 1993:3007 – 3013.

[21] 孙洪,刘立祥,马培荪. 攀爬蛇形机器人爬树的静态机理研究[J]. 机器人, 2008, 30(2): 112 – 122.

[22] Yamada H, Hirose S. Approximations to Continuous Curves of Active Cord Mechanism Made of Arc – shaped Joints or Double Joints[C]. IEEE International Conference on Robotics and Automation,2010: 703 – 708.

[23] Hu D,Nirody J, Scott T, et al. The Mechanics of Slithering Locomotion[J]. PNAS, 2009, 106(25): 10081 – 10085.

[24] Kelly S, Murray R. Geometric Phases and Robotic Locomotion[J]. Journal of Robotic Systems, 1995, 12 (6): 417 – 431.

[25] Ostrowski J,Burdiok J. The Geonetric Mechanics of Undulatory Robotic Locomotion[J]. The International Journal of Robotics Research,1998,17(7):683 – 701.

[26] Nilsson M. Serpentine Locomotion on Surfaces with Uniform Friction[C]. Proceedings of IEEE/RSJ International Conference on Intelligent Robots and Systems,2004:1751 – 1755.

[27] Shapiro A, Greenfield A, Choset H. Frictional Compliance Model Development and Experiments for Snake Robot Climbing[C]. IEEE International Conference on Robotics and Automation,2007:574 – 579.

[28] Liljeback P, Pettersen K, Stavdahl Ø. Modelling and Control of Obstacle – Aided Snake Robot Locomotion Based on Jam Resolution [C]. IEEE International Conference on Robotics and Automation, 2009: 3807 – 3814.

[29] Rincon D, Sotelo J. Dynamic and Experimental Analysis for Inchwormlike Biomimetic Robots[J]. IEEE Robotics& Automation Magazine, 2003: 53 – 57.

[30] Tadokopo S M N. Analysis of Creeping Locomotion of a Snake – like Robot on a Slope[J]. Autonomous

Robots, 2006, 20:15 – 23.

[31] 李斌,卢振利. 基于乐理的蛇形机器人控制方法研究[J]. 机器人, 2005, 27(1): 14 – 19.

[32] 张佳帆,杨灿军,陈鹰,等. 蠕动式机器蛇的研究与开发[J]. 机械工程学报, 2005, 41(5): 205 – 209.

[33] Chirikjian G S. The Kinematics of Hyper – Redundant Robot Locomotion[J]. IEEE Transactions on Robotics and Automation, 1995, 11(6):781 – 793.

[34] Hatton R, Choset H. Sidewinding on Slopes[C]. IEEE International Conference on Robotics and Automation,2010:691 – 696.

[35] Gong C, Hatton R, Choset H. Conical Sidewinding[C]. IEEE International Conference on Robotics and Automation, 2012: 4222 – 4227.

[36] Date H, Hoshi Y, Sampei M. Locomotion Control of a Snake – like Robot Baesed on Dynamic Manipulability[C]. Proceedings of the IEEE/RSJ International Conference on Intelligent Robots and Systems,2000: 2236 – 2241.

[37] Prautsch P, Mita T. Control and Analysis of the Gait of Snake Robots[C]. Proceedings of the IEEE International Conference on Control Applications,1999:502 – 507.

[38] Matsuno F, Sato H. Trajectory Tracking Control of Snake Robots Based on Dynamic Mode[C]. Proceedings of the IEEE International Conference on Robotics and Automation,2005:3029 – 3034.

[39] Li J, Shan J. Passivity Control of Underactuated Snake – like Robots[C]. Proceedings of the 7th World Congress on Intelligent Control and Automation, 2008: 485 – 490.

[40] Liljeback P, Pettersen K, Stavdahl Ø. Controllability and Stability Analysis of Planar Snake Robot Locomotion[J]. IEEE Transactions on Automatic Control, 2011, 56(6): 1365 – 1380.

[41] Ma S, Ohmameuda Y, Inoue K,et al. Control of a 3 – Dimensional Snake – like Robot[C]. Proceedings of the IEEE International conference on Robotics and Automation,2003:2067 – 2072.

[42] 陈丽,王越超,马书根,等. 蛇形机器人侧向运动的研究[J]. 机器人, 2003, 25(3):246 – 249.

[43] 魏武,孙洪超. 蛇形机器人桥梁缆索攀爬步态控制研究[J]. 中国机械工程, 2012, 23(10): 1230 – 1236.

[44] 卢振利,马书根,李斌,等. 基于循环抑制 CPG 模型的蛇形机器人三维运动[J]. 自动化学报, 2007, 33(1): 54 – 58.

[45] 王智锋,马书根,李斌,等. 基于能量的蛇形机器人蜿蜒运动控制方法的仿真和实验研究[J]. 自动化学报, 2011, 37(5): 604 – 613.

[46] Wu X. Ma S. CPG – based Control of Serpentine Locomotion of a Snake – like Robot[J]. Mechatronics, 2010(20) :326 – 334.

第 2 章
仿生蛇形机器人的结构设计

蛇形机器人的结构设计是机器人整体设计的基石,只有具备高效、可靠、稳定、合理的机器人"身躯",机器人才能在其控制系统的指挥下完成各种指令动作,进而更好地完成搜救任务。一般的机器人结构设计应遵循以下原则。

(1)所设计的结构具有可实现性,能够完成设计要求所需要的指定动作。

(2)具有较高的稳定性、可靠性以及必要的结构强度和刚度。

(3)采用的结构材料保证重量轻、强度好、抗磨损能力强。

(4)机械结构设计要精巧,并且能保证所要实现的功能指标。

(5)结构的设计需考虑控制的复杂度,尽量降低对控制的要求。

(6)要便于维护和维修。

另外,所设计的蛇形机器人应具有以下特点。

(1)移动迅速并具有越障能力。在城市、建筑物内、野外等多种环境下能搭载其他作业功能模块快速移动,具有翻越障碍的能力。

(2)全自主控制。能自动识别环境,自主规划移动路径,并可实现机器人与控制中心、机器人之间、机器人与指挥人员之间的指令和信息传输,实现多机器人之间的协同控制与作业。

(3)模块化结构和自修复功能。局部受伤可通过部件功能替换或者丢弃损坏部件改变步态,实现自我修复,具有极强的环境适应性和作业生存能力等。

(4)具备结构变形能力。通过自身结构的变形提高狭窄空间的通过能力和环境适应能力,并且能够应对二次灾难。

根据以上结构设计原则和设计要求,提出合理的结构设计思想。

2.1 机器人结构设计思想

仿生蛇形机器人的设计思想来源于对生物蛇的研究以及灾难现场复杂环境搜救的需求。因此,首先分析生物蛇的生理结构特性和运动特点,结合搜救机器人的发展现状和研究趋势,总结得出仿生蛇形机器人的设计思想。

仿生蛇形机器人的研究是人们对生物蛇的结构和运动特点进行长期的观察和研究总结出来的。首先从生物蛇的结构特点入手,进而谈到仿生蛇形机器人的结构和运动特点。自然界中的生物蛇是一种无肢的爬行动物,它是由头部、躯干部和尾部三部分组成。蛇的全身都包裹着鳞片,鳞片的侧面与体轴之间存在一个夹角,这个夹角使得蛇在与地面产生相对运动时,沿着蛇身方向上的摩擦力比垂直于蛇身方向上的摩擦力要小得多。因此,自然界的生物蛇能够完成前进和转弯等运动,而蛇的鳞片是其身体运动所必需的先决条件。

2.1.1 生物蛇的身体结构分析

蛇是脊椎动物,其骨骼分为3种:头骨、脊骨和肋骨。它的身体狭长且柔软,由彼此相连的200~400块脊骨组成,图2.1所示为蛇骨结构。对于大多数蛇,脊骨运动的范围是很小的,水平为10°~20°,垂直为2°~3°。虽然关节的活动范围很小,但由于蛇的脊骨数量很大,通过相邻脊骨间的微小变化的叠加就可以实现蛇身体构形上的很大调整。在运动上,蛇具有无脊椎动物的特征,它的身体非常柔软,能够适应各种崎岖不平的地形,而且具有很好的稳定性。蛇的脊骨结构非常类似,为蛇形机器人的模块化设计提供了有利的条件,尤其是其本身的独立的封闭性将给蛇形机器人带来很大的优越性。但由于用骨骼连接,蛇并不能完全体现出无脊椎动物的特征,尤其是在伸缩方面,蛇体本身的伸缩性很小,在伸缩状态下的运动效率也很低。所以当不具有直线驱动的蛇形机器人模仿无脊椎动物的运动时,不得不依靠部分关节的弯曲来实现身体的收缩运动。

图2.1　蛇骨结构

蛇在运动过程中能够保持平稳,处于一种力学的稳定状态,由此研究仿生蛇形机器人有着重要的意义。另外,生物蛇能够在沼泽、沙漠等松软的地面和坑洼不平的地面进行运动,能够穿过狭洞,还能越沟、爬楼梯、爬坡等,有很强的越障能力和复杂地形的适应能力。生物蛇在仅依靠自身体态的变化情况下就能实现越障以及在凸凹不平的环境下自如地行走,同时由于足式机器人的稳定性以及在松软地面的适应能力差,科学工作者开始思索一种新的运动模式,即"无肢运动",目光随即转向了对蛇的研究。而仿生蛇形机器人的研究正是因为具有此优点,在地震中勘察、寻找幸存者以及在核电站中进行反应炉的清理和煤气管道内部的在线检测等环境下起到了积极的作用。

2.1.2　生物蛇的运动形式分析

对于生物蛇的研究，最早起源于 1946 年，剑桥大学 Gray[1] 通过研究自然界的生物蛇，将其基本运动步态分为蜿蜒运动、直线运动、鼓风琴运动和侧移运动。

（1）蜿蜒运动（Serpentine），即 S 形的波浪式移动，是所有蛇形运动中最普遍的一种运动，几乎所有的蛇都能以这种方式向前爬行，见图 2.2。爬行时，蛇体在地面上做水平波状弯曲，使弯曲处的后边施力于粗糙的地面上，由地面的反作用力推动蛇体前进。蛇必须在地面找到能对其产生阻力的地表（如坚硬的岩石），因为这样才方便利用腹部的鳞片与地面做出有效的摩擦，藉以把身体迅速推向前方。在这种运动中，身体每一部分的轨迹都十分类似，如果蛇在松软的土地上运动，它爬过的轨迹将是一条十分清晰的 S 形曲线。当蛇以较高的速度蜿蜒前进时，在 S 形的波峰和波谷位置处，蛇的身体是与地面脱离的，这种运动称为 Sinus - lifting 运动。蜿蜒运动让水蛇类便于在水中移动，因为它的肌肉运动能发挥如桨、蹼般的效果，以身边的水作为其发力的支点，加速身体的游进作用。蜿蜒运动是生物蛇运动方式中效率最高的运动方式。

（2）直线运动（Rectilinear）是大型蛇（如蟒蛇）在捕食过程中接近猎物的一种运动方式，见图 2.3。虽然蛇没有胸骨，但它的肋骨可以前后自由移动，肋骨与腹鳞之间有肋皮肌相连。当肋皮肌收缩时，肋骨便向前移动，这就带动宽大的腹鳞依次竖立，即稍稍翘起，翘起的腹鳞就像踩着地面那样，但这时只是腹鳞动而蛇身没有动，接着肋皮肌放松，腹鳞的后缘就施力于粗糙的地面，靠反作用把蛇体推向前方。这种运动方式产生的效果是使蛇身直线向前爬行，但运动效率非常低。

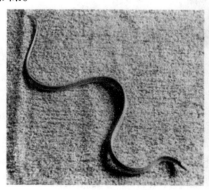

图 2.2　蜿蜒运动　　　　　　　　　图 2.3　直线运动

（3）鼓风琴运动（Concertina），表面看来与蜿蜒运动相似，是蛇在狭小空间的一种运动方式。蛇身前部抬起，尽力前伸，接触到支持的物体时，蛇身后部即

22

跟着缩向前去;然后再抬起身体前部向前伸,得到支持物,后部再缩向前去;这样交替伸缩,靠与地面的静摩擦力推动自身运动。通常生物蛇在树上爬行时采用此种步态,如图2.4所示。

(4)侧移运动(Sidewinding)的原理基本上与蜿蜒运动类似,两种蛇行方式轨迹所画出的图形都如正弦曲线,见图2.5。蛇行时,蛇的头部仿佛被"抛"向前方(通常是往侧面抛),然后身体跟随着蛇头抛往的方向窜移。它的身体有固定的摆动路线,身体后一部分的运动轨迹完全按照前一部分的轨迹进行,每段轨迹都在适当的位置处拐弯(拐弯呈J形),重复的动作让整个蛇体走出优美流畅的曲线。侧移运动的效率较高。

图2.4 鼓风琴运动　　　　　　　　图2.5 侧移运动

螺旋步态由侧向运动衍生而来,具有螺旋线特征,使生物蛇具有更强的适应性,生物蛇在沿树、杆等物体向上攀爬时采用的步态如图2.6所示。

图2.6 攀爬运动

生物蛇还能进行其他运动,如盘绕、攀爬、跳跃甚至滑翔等。蛇类的运动方式是在自然界中长期进化的结果,蛇能够在几乎所有的环境中运动,如地面、草丛、树丛、沙地、沼泽、水中、沟穴、管道、峭壁等。生物蛇具有极强的运动能力和环境适应能力。

2.2 机器人结构设计方案

在进行搜救机器人总体结构设计时,必须保证机器人能够适应复杂的灾难现场环境,这就要求机器人不但能在复杂的环境下具有稳定的运动方式,而且要具有极强的适应性,需要考虑的问题是多方面的,在运动方式上要求所设计的结构可以实现最基本的运动。结合图2.7所示结构设计方案鱼骨图,在机器人的结构设计时要遵循质量轻、体积小、结构简单等原则;采用模块化的设计以及仿真分析的方法,应用比较权威及实用的三维模型设计软件、机械系统动力学仿真软件和辅助分析设计软件等进行设计。在材料选择上要从防腐蚀、耐磨、价格低廉和质轻这些方面考虑。

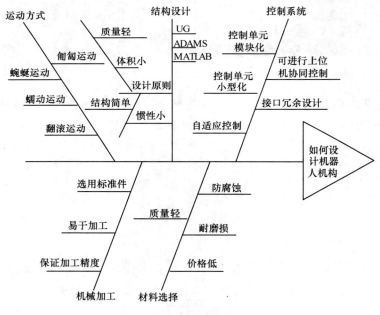

图2.7 结构设计方案鱼骨图

2.2.1 移动机构方案

仿生蛇形机器人移动机构的选择主要有3种,分别是履带式移动机构、轮式移动机构以及鳞片式移动机构。

24

（1）履带式移动机构的优点在于它的通过性能很好，越野及爬坡能力很强，牵引和负载能力大等。这种驱动方式适用于在建筑物内、洞穴中运动。但履带式运动的缺点也很明显，其质量和惯性较大、结构复杂且最多只能采取简单的结构重组等进行变形，在废墟内部不能自如地运动。

（2）轮式移动机构的特点在于它可以高速稳定运动，能量利用率高，结构简单，控制容易等。采用轮式驱动，是依靠轮子的滚动与滑动摩擦之间的差异性来模拟蛇的鳞片作用以满足机器人前进的必要条件。但轮式驱动的缺点在于它不能在坑洼不平的地面自如地运动，环境适应能力很差。这种结构通常用于实验室内对机器人的运动机理研究以及运动方式的实验验证研究中。

（3）鳞片式移动机构具有越障性能好、效率高的优点。生物蛇在运动过程中切向摩擦力远小于法向摩擦力的特点，是因为蛇的腹鳞在肌肉的驱动下进行收缩和舒张来使其躯体与地面间的接触面积发生改变来实现的。因此，如果可以用机械结构直接模拟蛇鳞片的功能，不但能大大减轻机器人本身的负载，而且这种结构可以使机器人像蛇一样适应多种环境。这种结构类似于给机器人本身秀上一层皮肤一样，目前正是科学工作者致力于研究的方向。

2.2.2　躯干关节设计方案

蛇形机器人是一种多关节、多自由度的链式柔性机器人，它是由多个相同或者相似的单元模块连接组成，没有固定的基座。蛇形机器人要想实现多种运动步态（蜿蜒、蠕动、翻滚、攀爬等），首先应使其各个执行单元具备完整的三维工作空间，而其各个运动步态和工作空间决定于各个单元模块间的连接方式。综合调研各类样机的关节结构的连接特点，可知蛇形机器人目前主要有以下4种关节连接方式，即平行连接、正交连接、万向节连接和 P – R（Pitch – Roll）连接，如图2.8所示。

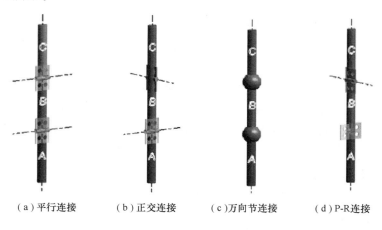

（a）平行连接　　　（b）正交连接　　　（c）万向节连接　　　（d）P-R连接

图2.8　关节连接方式

平行连接是组成蛇形机器人的单元模块间均以转动副相连,各转动副的轴线互相平行且垂直于蛇形机器人纵轴。正交连接是指组成蛇形机器人的单元模块间仍以转动副相连,但相邻转动副的轴线互相垂直,且均垂直于蛇体纵轴。万向节连接是指球形万向节连接,关节能够向任意方向转动,实现更多的运动模式。P－R模块在结构上保留了平行连接和正交连接的一个关节只需一个电机控制的特性,在功能上却相当于一个万向节,因此具有结构与控制简单、转向灵活任意、容易实现等优点。

2.2.3 分体结构设计方案

设计机器人的分体结构主要是为了有效应对二次灾难对机器人本身部分零部件所带来的损坏,主动分解其中的受损零部件。设计专门的分体机构,保证分体前后不影响蛇形机器人的正常运动,分体可以在关节处分开,也可以在每个关节之间的结构件分解。

1. 关节处分体方案

关节处分体是将驱动机构安装在关节处,当需要分体时,此处的驱动机构自动将关节分解或者脱开,图2.9所示为一种在关节处分体的结构示意图。10与8是机器人的两部分(如8为关节舵机的圆形机体),整体运动时,压轮4通过顶杆5、锁套3使10与8很好地耦合在一起,不发生相对运动。当10与8需要分开时,进动机构推动锁套3向下移运动,如图2.9所示的状态,顶杆5可以后移,件8即可从件10中退出,从而实现机器人的分体。

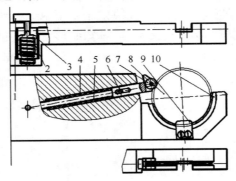

图2.9　关节处分体的结构示意图

1—保险开关;2—锁心;3—锁套;4—压轮;5—顶杆;6—压轮轴;
7—钩卡;8—机体;9—U型卡槽;10—连接槽。

2. 关节之间结构件分体方案

关节之间结构件分体是将驱动机构安装在结构件位置,当需要分体时,此处的驱动机构自动将结构件分解或者脱开,图2.10所示为一种在关节处分体的结构示意图。1与8是机器人的两部分,整体运动时,机构5通过弹簧4将机构6

夹住,使 1 与 8 很好地耦合在一起,不发生相对运动。当 1 与 8 需要分开时,进动机构 2 向 5 运动,由于固定轴 3 的存在,使 5 张开一定的角度,随着 6 从 5 处的退出,1 与 8 相应分开,从而实现机器人的分体。

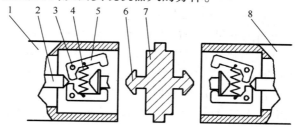

图 2.10　关节处分体结构示意图

1—首端;2—进动机构;3—固定轴;4—弹簧;5—卡爪;6—连接头;7—连接体;8—尾端。

2.2.4　变形结构设计方案

为了使蛇形机器人能通过狭小的空间,蛇形机器人需要有变形的能力。为此,在躯干模块、关节模块和移动机构模块可设计相应的变形机构。初步考虑两种设计方案,一种为平行四边形机构的方式,另一种采用折梁剪式结构的方式。

1. 平行四边形机构变形结构

平行四边形变形机构通过一个曲柄滑块机构推动平行四边形机构实现变形。即总的变形机构为平行四边形机构与曲柄滑块机构串在一起形成组合 6 杆机构,同时,这个组合 6 杆机构在圆周方向上可以根据需要设置 6~10 组,以满足变形的需要。图 2.11 所示为平行四边形变形原理示意图。

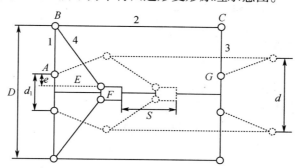

图 2.11　平行四边形变形原理示意图

1~4—连接杆。

图 2.11 中 1、2、3、4 为连接杆;A、B、C、E、G 为连接点;D 为最大直径;F 为曲柄滑块;d_1 为最小直径;$e-F$ 为偏置的距离;$S-F$ 为移动的距离;d 为变形中的尺寸。当需要变形时,曲柄滑块 F 可以沿着其中心杆向右滑动,并带动杆 4 运动,杆 4 的运动同时牵引着杆 1 和杆 2 也向右运动,随之杆 3 也产生了运动。由

于点 A 和点 G 与曲柄滑块所在的中心杆均固定在一起,因此,当曲柄滑块 F 向右滑动距离 S 时,整个变形结构将处在图 2.11 中虚线所示的位置,实现了结构变形。同时,曲柄滑块 F 在其虚线位置时也可以沿其中心杆向左运动,实现反向变形。正向变形和反向变形可根据需要而定。

正常情况下,机器人的最大外径为 D,且 $D = 2l_1 + d_1$,l_1 表示平行四边形机构中杆 1 的长度,d_1 表示机器人可以缩小的最小直径,此值在满足结构设计、安装驱动电机及检测设备等的条件下,尽量取小值,此值在机器人的具体设计中确定。机器人的最大外径为 D,d_1 的选择关系到机器人的变形能力,两者的选择可根据实际需要而定,若取 $D = 3d_1$,即机器人具有可以将直径缩小到原来 $1/3$ 的变形能力。

从状态 D 变形到状态 d 是通过曲柄滑块机构 F 驱动平行四边形机构杆实现的,根据图 2.11 可知,从状态 D 变形到状态 d,滑块需要移动的最大距离为

$$S = l_1 + \sqrt{l_4^2 - e^2} - \sqrt{l_4^2 - (e + l_1)^2} \tag{2.1}$$

式中:e 为曲柄滑块机构偏置距离;l_1 为曲柄滑块机构中杆 1 的长度;l_4 为曲柄滑块机构中杆 4 的长度。

当机器人的直径根据需要在 D 与 d 之间变化时,即从状态 D 变形到状态 d,根据图 2.11 可知,曲柄滑块需要移动的距离为

$$S_0 = \sqrt{l_1^2 - \left(\frac{d}{2} - \frac{d_1}{2}\right)^2} + \sqrt{l_4^2 - \left(\frac{d}{2} - \frac{d_1}{2} + e\right)^2} - \sqrt{l_4^2 - (e + l_1)^2} \tag{2.2}$$

式中:d_1 为可以缩小的最小直径。

从上面的分析可以看出,机器人可以根据需要做相应的结构调整,最终只需按要求移动曲柄滑块 F 即可实现结构变形,即蛇形机器人具有直径缩小到原来 $1/3$ 的变形能力,从 D 变形到 d 通过曲柄滑块机构驱动平行四边形机构杆实现。

2. 折梁剪式铰机构变形结构

美国工程师 Hoberman 发明了折梁剪式铰单元,由两个相同角梁连接而成,相互之间由销轴连接,组成可伸缩结构。Hoberman 创造出一系列会变形的结构,Hoberman Sphere 是其中最出名的一个,它具有很大的变形能力,伸展后的体积可以达到收缩体积的 4 倍。同时,Hoberman Sphere 也可以制作成各种尺寸。小到只有几个厘米,大到超过 1m。利用这类单元,在 2002 年美国盐湖城冬奥会颁奖广场舞台上,建造了高 36ft(1ft = 30.48cm)的半圆形可开启拱门结构。这种变形球的基本结构是折梁剪式铰单元,使用这种基本伸缩单元,可以组成各种复杂的伸缩结构,如球形结构、面片形结构等。折梁剪式铰单元结构有多种形式,如直梁剪式铰单元、折梁剪式铰单元及多角折梁单元。

直梁剪式铰单元(图 2.12(a))是最原始的形式,在此基础上发明了折梁

剪式铰单元(图 2.12(b)),又在普通折梁单元基础上发展了多角折梁单元(图 2.12(c))。

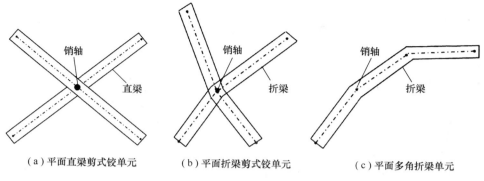

（a）平面直梁剪式铰单元　　　（b）平面折梁剪式铰单元　　　（c）平面多角折梁单元

图 2.12　伸缩梁单元结构示意图

折梁剪式铰单元可以组合成伞状折叠结构,通过控制单元可以实现伞状结构的撑开与闭合。参照这种折梁剪式铰机构,结合蛇形机器人的运动空间要求,可以设计出新型的伸缩机构,实现机器人的变形功能。

2.2.5　机器人驱动方案

针对仿生蛇形机器人的研究有很多种驱动方案,只有确定了驱动方案才能对机器人的关节结构进行设计。驱动方案可以有多种形式,如形状记忆合金 SMA 驱动、液压驱动、气动人工肌肉驱动、电机驱动等。参考前人研究过程,为了实现 3 种步态的重组,模块的体积不能太大;否则系统的灵活性无法提高,步态规划也会变得困难。人造肌肉虽然可以做得很小,但是其运动方式一般比较固定,使用起来不够灵活,输出力矩也比较小,无法胜任这样的多功能系统,再加上便于控制这一点,电机驱动最适合用作动力。

一般采用微型电机驱动形式比较常见,电机驱动可以有以下几种方式。

（1）电机控制杆驱动器。电机固定在一个关节上,通过引入一个中间杆件使电机轴转动驱动另一个关节,显然结构比较复杂。

（2）电机锥形齿轮驱动器。这种驱动方式是一对锥齿轮分别固定在相邻的关节上,电机转动时通过锥形齿轮传动,使得相邻单元间产生相对转动。这种结构的缺点在于小模数锥形齿轮的设计和加工难度较高,而且成本也较高。

（3）电机直接驱动。这种驱动方式是将电机安装于两个单元之间的连接处,机壳和转子分别连接在不同的关节上,当电机轴转动时,即可使相邻关节发生相对转动。这种方案在结构上不复杂,而且加工也较为容易,因此采用这种驱动方案。

蛇形机器人运动步态的实现需要对模块的运动位置进行较为精确的控制,因此模块需要选用可控性好的伺服电动机。而微型直流伺服电动机具有效率高、质量轻、噪声小、低速下稳定性好和磁性能稳定等特点,非常适合用作动力源。一般的控制上常用的微型直流伺服电动机有伺服舵机、直流无刷电动机、直流有刷电动机等,参数对比如表2-1所列。

表2-1　各类电机参数比较

电动机	输出力矩	质量	转动位置精度	可靠性
伺服舵机	较小	较轻(一般几十克)	精度一般,无法改变	低
微型无刷直流电动机	较大	较重(几百克左右)	通过编码器可以达到很高的精度	高
微型有刷直流电动机	较大	较重(几百克左右)	通过编码器可以达到很高的精度	较高

驱动电机选用的是 Futaba 公司生产的 S9157 舵机,如图 2.13、图 2.14 所示,该电机主要适用于那些角度需要不断变化并可以保持的控制系统,其具有体积紧凑、便于安装、输出力矩大、稳定性好、控制简单、便于和数字系统接口等优点,具体参数如表 2-2 所列。

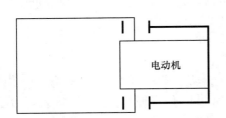

图 2.13　电动机直接驱动方案

图 2.14　Futaba 舵机

表 2-2　S9157 舵机参数

尺寸	质量	转速	输出力矩	电压
40.5mm×21mm×37.4mm	72g	0.1460(°)/s	30.6kg·cm	6V

该舵机上伸出的 3 根导线中,红色的是电源线,黑色的是地线,白色的是信号线。电动机轴上带有用于固定电动机轴的圆形摇臂,电机盒两边带有固定孔,这些都便于将电动机装配在框架上。

2.3　UG 软件介绍

UG(Uni-Graphics)是一款基于三维实体复合造型、特征建模、装配建模技术的高端常用机械设计软件,能设计出任意复杂的产品模型。由于技术上将CAD、CAE 和 CAM 有机集成,可以使产品的设计、分析和制造一次完成。此外,UG 软件还提供了 CAD/CAE/CAM 业界最先进的编程工具集,便于用户二次开发[2,3]。

2.3.1　UG 软件的技术特点

UG 软件是 Siemens PLM Software 公司开发的一个产品工程解决方案,现已经成为世界上一流的集成化 CAD/CAE/CAM 软件,被广泛应用于航空、航天、汽车、通用机械、模具和家用电器等领域,并且多家著名公司均选用 UG 作为企业计算机辅助设计、分析和制造的标准,如美国通用汽车公司、波音飞机公司、贝尔直升机公司、英国宇航公司、惠普发动机公司等。UG 为制造行业产品开发的全过程提供解决方案,功能包括概念设计、工程设计、性能分析和制造。该软件自 1990 年进入中国市场以来,在我国得到了越来越广泛的应用,已成为我国工业界主要使用的大型 CAD/CAE/CAM 软件之一。具体说来,UG 具有以下主要技术特点。

(1)集成的产品开发。UG 是一个完全集成的 CAD/CAE/CAM 软件集,可实现从概念设计到工程分析再到数字制造的整个产品开发过程。

(2)相关性。利用主模型可使从设计到制造所有应用相关联。

(3)并行协作。便于主模型、产品数据管理 PDM(iMAN)、产品可视化(ProductVision)以及应用 Internet 技术支持等并行协助。

(4)基于知识工程。采用自动化知识驱动,使 UG 实现了利用在制造产品的人和过程的知识(通常包括"业界标准"知识和"公司独特"的知识)。针对"业界标准"知识,知识驱动自动化提供了过程向导和助理,这些解决方案应用业界知识到专门的任务,建立集成的解决方案,它们有更强的功能、更易于使用和更高的生产率,如 UG/模具向导(Moldwizard)、UG/齿轮工程向导(GearEngineeringWizard)和 UG/冲模工程向导(DieEngineeringWizard)。针对"公司独特"的知识,知识驱动自动化提供了 UG/KnowledgeFusion(知识融合),这个新的产品使得公司能够快速和方便地添加工程规则去驱动一个模型或者建立过程向导和助理,UG/KnowledgeFusion 使基于知识工程的环境直接能进入 UG 的核心。

(5)客户化。UG 提供 CAD/CAE/CAM 业界先进的编程工具集,对 UG 进行定制以满足企业的需要。

2.3.2　UGCAD 主要功能模块

1. UG/Gateway(UG/入口)

该模块是连接 UG 软件所有其他模块的基本框架,是启动 UG 软件时运行的第一个模块,为 UG 软件的其他模块运行提供了底层的统一数据库支持和一个窗口化的图形交互环境。

2. UG/Solid Modeling(UG/实体建模)

UG/实体建模模块将基于约束的特征造型功能和显式的直接几何造型功能无缝地集成一体,提供了业界最强大的复合建模功能,使用户可以充分利用集成在先进的参数化特征造型环境中的传统实体、曲面和线框功能。该模块还提供了用于快速、有效地进行概念设计的变量化草图工具、尺寸驱动编辑和用于一般建模和编辑的工具,使用户既可以进行参数化建模又可以方便地用非参数方法生成二维、三维线框模型,扫掠和旋转实体以及进行布尔运算,可以方便地生成复杂机械零件的实体模型。

3. UG/FeaturesMode1ing(UG/特征建模)

UG/特征建模模块用工程特征来定义设计信息,在UG/实体建模的基础上提高了用户设计意图表达的能力。该模块支持标准设计特征的生成和编辑,包括各种孔、键槽、凹腔、方形凸台、圆形凸台、异形凸台以及各种圆柱、方块、圆锥、球体、管道、杆、倒圆、倒角等,同时也包括抽空实体模型产生薄壁实体的能力。所有特征均可相对其他特征或几何体进行定位,可以编辑、删除、抑制、复制、粘贴、引用以及调整特征顺序,并提供特征历史树记录所有相关关系,便于特征查询和编辑。

4. UG/FreeFormMode1ing(UG/自由曲面建模)

UG/自由曲面建模模块独创地把实体和曲面建模技术融合在这一组强大的工具中,提供生成、编辑和评估复杂曲面的强大功能,便于如飞机、汽车、电视机以及其他工业造型设计产品上的复杂自由曲面形状设计,包括直纹面、扫描面、通过一组曲线的自由曲面、通过两组正交曲线的自由曲面、曲线广义扫掠、标准二次曲线方法放样、等半径和变半径倒圆、广义二次曲线倒圆、两张及多张曲面间的光顺桥接、动态拉动调整曲面、等距或不等距偏置、曲面裁剪/编辑等。而且,该模块生成的曲面模型与其他UG功能完全集成。

5. UG/UserDefinedFeature(UG/用户自定义特征)

UG/用户自定义特征模块提供交互式方法来定义和存储基于用户自定义特征(UDF)概念,便于调用和编辑的零件簇,形成用户专用的UDF库,提高用户设计建模效率。该模块包括从已生成的UG参数化实体模型中提取参数、定义特征变量、建立参数间相关关系、设置变量默认值、定义代表该UDF的图标菜单的全部工具。在UDF生成之后,UDF即变成可通过图标菜单被所有用户调用的用户专有特征,当把该特征添加到设计模型中时,其所有预设变量参数均可编辑并将按UDF建立时的设计意图而变化。

6. UG/Drafting(UG/工程制图)

UG/工程制图模块使任何设计师、工程师或绘图员都可以从UG三维实体模型得到完全双向相关的二维工程图。基于UG复合建模技术,该模块可以生成与实体模型相关的尺寸标注,保证工程图纸随着实体模型的改变而同步更新,减少了因模型改变二维图更新的时间,包括消隐和全相关的剖视图在内的二维视图在模型修改时也会自动更新。直接修改对应于三维建模参数的设计尺寸,可反向同步更新三维设计模型和二维工程图纸。提供了自动视图布置、剖视图、各向视图、局部放大图、局部剖视图、自动、手工尺寸标注、形位公差、粗糙度符合标注、支持 GB、标准汉字输入、视图手工编辑、装配图剖视、爆炸图、明细表自动生成等工具。

7. UG/Assemb1yMode1ing(UG/装配建模)

UG/装配建模模块提供并行的自顶而下和自下而上的产品开发方法,其生成的装配模型中零件数据是对零件本身的链接映像,保证装配模型和零件设计完全双向相关,并改进了软件操作性能,减少了存储空间的需求,零件设计修改后装配模型中的零件会自动更新,同时可在装配环境下直接修改零件设计。而且该模块可提供包括坐标系定位、逻辑对齐、贴合、偏移等灵活的定位方式和约束关系,并可定义不同零件或组件间的参数关系。UG 装配功能的内在体系结构使得设计团队能够创建和共享产品级装配模型,可使团队成员与他人同步并行工作。

8. UG/AdvaneedAssemb1ies(UG/高级装配)

UG/高级装配模块增加产品级大装配设计的特殊功能,允许用户灵活过滤装配结构的数据调用控制,高速大装配着色,大装配干涉检查功能。该模块管理、共享和检查用于确定复杂产品布局的数字模型,完成全数字化的电子样机装配。用它提供的各种工具,可以提高用户对整个产品、指定的子系统或子部件进行可视化和装配分析的效率。对于大型产品,设计组可定义、共享产品区段和子系统,以提高从大型产品结构中选取进行设计更改的部件时软件运行的响应速度,大大缩短大型产品装配布局和验证的设计周期。该模块和其他 UG 模块一样具有并行计算能力,支持多 CPU 硬件平台,可充分利用硬件资源。

9. UG/WAVE(UG/产品级参数化设计)

UG/WAVE(Whatif Alternative Value Engineering)产品级参数化设计技术,特别适应于汽车、飞机等复杂产品的设计。UG/WAVE 技术使产品总体设计更改自上而下自动传递。该技术可用于从产品初步设计到详细设计的每个阶段。UG/WAVE 技术帮助用户找出驱动产品设计变化的关键设计变量并将这些变量放入 UG/WAVE 顶层控制结构中,子部件和零件的设计则与这些变量相关,对这些变量的更改将自动更新顶层结构和与其相关的子部件和零件。由于 UG 采用基于变量几何的复合建模技术,这些关键设计变量既可以是数值变量,也可以是如一根样条曲线或空间曲面的广义几何变量,无论是数值变化还是形状变化都将自动根据 UG/WAVE 的控制传递到相关的子部件和零件设计中去。UG/WAVE 技术使参数化真正符合产品的设计过程和规则,即先总体设计后详细设计、局部设计决策服从总体设计决策。而过去的参数化技术多是进行零件本身的参数化上,对于整个产品的参数关系管理非常困难。UG/WAVE提供了解决大型产品设计中的设计更改控制问题的方案,是面向产品级的并行工程技术。

2.4　机器人整体结构设计

仿生蛇形机器人主要由六部分组成,包括头部、尾部、躯干、关节、分体和变形模块。每个躯干模块之间由具有两个自由度的旋转机构和电机组成的驱动机构连接在一起,关节有固定的工装,目的是为了保护驱动结构。

2.4.1　头、尾结构设计

仿生蛇形机器人的头部结构作为搜救探测的主要模块,集成了接收天线、微型摄像头、红外探测传感器及热释电传感器等,所以对头部的设计要考虑各种传感器的大小和安装位置等因素,综合考虑之后,将头部和尾部结构分别设计成图 2.15 和图 2.16 所示结构。

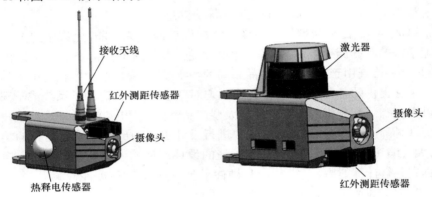

图 2.15　头部结构示意图　　　　图 2.16　尾部结构示意图

头部结构的设计综合了各种传感器的特性,能够对搜救现场环境实时成像,能够探测生命体特征,在运动的同时也能实现自主避障的功能。

仿生蛇形机器人的尾部主要由摄像头、红外测距传感器、激光器以及内部控制板等组成,除了保证具有头部应该有的功能外,还要考虑整体结构的小型化问题,以减少所需功耗,提高搜救机器人的续航时间,其三维机械结构如图 2.16 所示。蛇形机器人尾部结构采用了与头部结构相似的设计,但所实现的功能略有区别,考虑到技术指标及相关的关键技术的实现以及现场搜救环境的需求,在尾部的设计中添加了激光器,以实现搜救机器人的地图构建与实时定位功能,可有效进行路径规划,提高蛇形机器人的搜救效率。

2.4.2　躯干关节结构设计

仿生蛇形机器人的躯干模块的设计需要考虑下列因素。

(1) 承受负载的能力。加在模块上的负载需要骨架来承受,因此躯干骨架需要具备一定的强度。

（2）内部空间的充分利用。骨架内部需要安装电池、控制器板等，最大程度地利用骨架内部空间需要设计合理。

（3）与电动机、控制器以及连接面板的连接方式。

整个躯干模块主要由圆形骨架、正交安装的两个端盖及骨架下端口安装的舵机组成。其三维机械结构如图 2.17 所示。

躯干结构的设计采用了圆筒形的设计思想，与正方形、长方形等设计思想相比具有一定的优势且造型美观。骨架的四周设计成镂空状，便于放置相关控制板电池等，同时也减轻了机器人的整体质量。端盖的设计结合骨架的结构，中间开有方孔，两端成正交安装方式，这样保证相邻两个关节之间实现两个自由度。

蛇形机器人的关节主要由一个正交连接板和两个舵机组成。一个关节安装两个舵机的设计是为了实现单关节两个自由度，保证俯仰和偏航方向都能运动。关节结构如图 2.18 所示。

图 2.17　躯干结构示意图

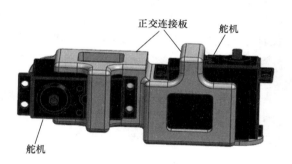

图 2.18　关节结构示意图

2.4.3　分体结构设计

搜救机器人分体结构的设计源于搜救背景的迫切需求，要适应出现以下情况时。

（1）机器人部分被卡住，则主动分解卡住部分的情况。

（2）机器人部分损坏，则未受损部分主动与损坏部分分离的情况。

（3）特别需要进入探测的狭窄地方，带有部分探测功能的最小蛇尾部分与主体分离的情况。

因此，搜救机器人的分体运动需要设计专门的分体机构，保证分体前使机器人本身良好地结合又不影响其运动，在需要分体时能够顺利实现分体，分体可以在关节处分体，也可以在关节之间的躯干处分解。主要采用了躯干分体设计方法，其分体结构如图 2.19 所示。

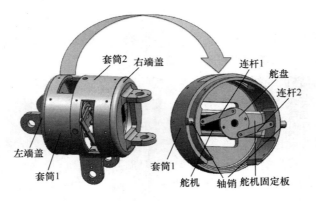

图 2.19　分体结构示意图

该分体装置包括左端盖、右端盖、套筒 1 和套筒 2、舵机、舵机固定板、舵盘、连杆 1 和连杆 2、轴销等部分。左端盖、右端盖与套筒构成躯干部整体,舵机固定板通过螺钉安装在套筒上,舵机通过螺钉安装在舵机固定板上,连杆一端固定在舵盘上,另一端固定在轴销上,轴销用来连接两个分离的套筒。当搜救机器人需要进行分体时,舵机转动带动舵盘旋转,同时舵盘带动连杆运动,连杆的运动使轴销脱离两个套筒,从而实现搜救机器人躯干部分的分体。

2.4.4　变形结构设计

为适应不同搜救路径的空间要求,借鉴变形金刚,研究具有拓扑结构特点及位移放大功能的单元体,实现具有空间柔性变形特性的机器人变形结构,满足机器人不同程度的变形需求。根据课题指标,需实现机器人整体的长度、宽度和高度 3 个方向上的变形。

1. 长度变形

长度变形主要通过分体机理将搜救机器人整体分成 3 个部分,长度变形过程与分体过程类似,其整体结构的总长度缩减到 1/3 长度,分体后头、尾部可继续工作。长度变形示意图如图 2.20 所示。

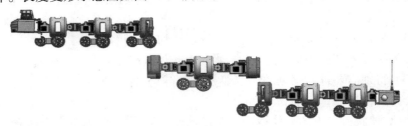

图 2.20　长度变形示意图

2. 高度变形

高度变形的目的主要是满足搜救需求,提高搜救视野。变形机理主要通过舵机驱动连杆,使其整体姿态达到卧式和直立式,实现竖直高度的变形。具体变形过程如图 2.21 所示,舵机转动带动连杆旋转,实现连杆的高度变化。

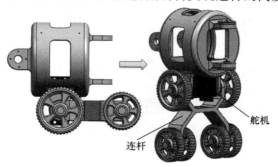

图 2.21　高度变形结构示意图

3. 宽度变形

宽度变形的目的也是为了满足搜救需求,在执行搜救任务时,可辅助运动拐弯,起到支撑的作用。同时,宽度变形机构可附加搜救传感器,进而可增大传感范围、提高搜救效率。变形过程主要是通过旋转舵机带动舵盘,折叠的连杆固定在舵盘上,舵盘的转动带动折叠连杆的收缩,从而达到宽度变形的目的,如图 2.22 所示。

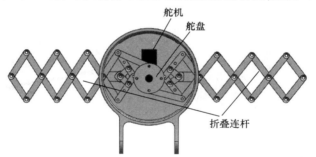

图 2.22　宽度变形结构示意图

2.4.5　整体结构装配

综合上述的设计思想和设计结构,将所有结构部件进行机械装配,蛇形机器人的整体结构装配示意如图 2.23 所示。

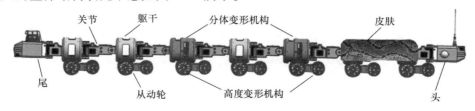

图 2.23　整体结构装配示意图

整个搜救机器人共由 9 个单元模块、8 个关节及 7 个轮腿模块组成,总长度约为 1.4m,高度 0.13m,宽度为 0.08m。

参 考 文 献

[1] Gray J. The Mechanism of Locomotion in Snakes[J]. Journal of Experimental Biology,1946,23(2):101 – 124.

[2] 展迪优. UG NX 8.0 快速入门教程[M]. 北京:机械工业出版社,2012.

[3] 徐国生. 基于 UG 的三维参数化汽车冲模标准件库研究与开发[D]. 湖南大学,2004.

第 3 章
仿生蛇形机器人建模与控制

对于任何一种机器人,如果要实现对其准确的控制,首当其冲的就是要针对机器人的结构建立合理的运动学模型和动力学模型。针对仿生蛇形机器人的运动特点,在运动学建模中,目前存在两种方式,一种是基于形态学建立的,另一种是将机器人结构简化为连杆结构,通过建立杆系的运动模型来得到蛇形机器人的运动学模型。运动学建模主要是利用传统的力学分析方法,既能够直观地给出在不同运动条件下的力学特性,又可以为结构设计和控制系统设计提供参考。在运动学和动力学模型基础上,便可以根据实际需要提出合理的运动控制策略。本章将对常见的蛇形机器人的建模方法和控制方法进行详细介绍。

3.1 形态学模型

动物的形态学是以研究生物运动特点为目的。生物蛇的形态学可分为二维形态学和三维形态学,二维形态学主要是以 Shigeo Hirose 提出 Serpenoid 曲线为基础,三维形态学则是以微分几何中 Frenet – Serret 标架为基础,但均是将曲线曲率作为主要参数,从而刻画生物蛇关节运动特点。

3.1.1 二维形态学模型

采用 Serpenoid 曲线来规划蛇形机器人的运动轨迹,把 Serpenoid 曲线称为蛇形曲线,采用这种方法对蛇形机器人进行轨迹规划并确定了搜救机器人的驱动函数。Serpenoid 曲线如图 3.1 所示。蜿蜒运动是生物蛇最常见的一种运动,由于其高效的运动方式,广泛地被人们研究。最早对蛇形机器人进行研究的 Shigeo Hirose 通过长期对生物蛇的观察,利用从动轮式结构可以有效地模仿生物蛇的蜿蜒运动,使其运动形态跟生物蛇非常相似。从动轮式结构的优势是运动速度快,同时满足蛇体的法线方向和切线方向的摩擦系数关系,使得法向摩擦力远远大于切向摩擦力,运动更加灵活自如。研究人员认为,法向力无穷大且不发生侧移时,可忽略法线方向对蛇形机器人运动带来的影响,从而简化了蛇形机器人蜿蜒运动的数学模型,分析起来更容易。在前人研究的基础上对从动轮式结构的蛇形机器人继续研究,主要针对蛇形机器人的蜿蜒运动特性。

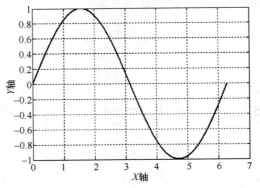

图 3.1　Serpenoid 曲线

通过对蛇形曲线的幅值、频率、相位等参数进行不同的取值,可以得出不同的蛇形机器人的运动轨迹曲线。蛇形曲线在一个周期内的曲率方程可以表示为[1]

$$\rho(s_p) = -\frac{2K_n\pi\alpha_0}{L}\sin\left(\frac{2K_n\pi s_p}{L}\right) \tag{3.1}$$

式中:α_0 为蛇形机器人初始弯角;K_n 为蛇形机器人体长所传播波的个数;L 为蛇形机器人体长;s_p 为蛇形机器人尾部沿蛇形曲线轴线方向的虚位移。

将式(3.1)用笛卡儿坐标表示得

$$\begin{cases} x(s) = \int_0^s \cos(\zeta_\sigma)\,\mathrm{d}\sigma \\ y(s) = \int_0^s \sin(\zeta_\sigma)\,\mathrm{d}\sigma \end{cases} \tag{3.2}$$

式中:$\zeta_\sigma = a\cos(b\sigma) + c\sigma$。分别对参数 a、b、c 取不同的值,可以得到不同的蛇形曲线,如图 3.2 所示。通过对得到的各个蛇形曲线进行分析,可以得出参数 a、b、c 的含义如下:a 决定了蛇形曲线的初始相位和单位曲线的长度;b 决定了蛇

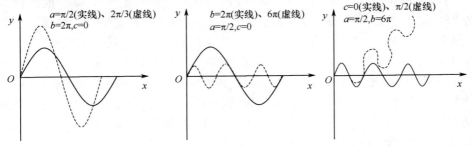

图 3.2　a、b、c 取不同值时的蛇形曲线

形曲线的单位曲线长度内出现周期个数;c 决定了蛇形曲线的整体形状。

设蛇形曲线的整体长度为 L,则蛇形机器人每个模块单元的长度为 $l = \dfrac{L}{n}$,有 $s_i = i\dfrac{L}{n}(i = 0,1,\cdots,n)$,所以式(3.2)可以改写成

$$\begin{cases} x_i = \sum_{k=1}^{i} \dfrac{L}{n}\cos\left[\alpha\cos\left(\dfrac{kb}{n}\right) + \dfrac{kc}{n}\right] \\ y_i = \sum_{k=1}^{i} \dfrac{L}{n}\sin\left[\alpha\cos\left(\dfrac{kb}{n}\right) + \dfrac{kc}{n}\right] \end{cases} \tag{3.3}$$

式中:$(x_i,y_i)(i = 0,1,\cdots,n)$ 既是蛇形机器人各个关节的交点,又是蛇形曲线的插值点,因此由式(3.3)可知 $1\sim n$ 个关节之间存在如下关系

$$\frac{y_i - y_{i-1}}{x_i - x_{i-1}} = \frac{\sin\left(\alpha\cos\dfrac{ib}{n} + \dfrac{ic}{n}\right)}{\cos\left(\alpha\cos\dfrac{ib}{n} + \dfrac{ic}{n}\right)} = \frac{l\sin\phi_{i-1}}{l\cos\phi_{i-1}} = \tan\phi_{i-1} \tag{3.4}$$

由式(3.4)可得

$$\phi_{i-1} = \alpha\cos\left(\frac{ib}{n}\right) + \frac{ic}{n} \tag{3.5}$$

设每个关节之间的夹角为 θ_i,则由式(3.5)得

$$\theta_i = f_i - f_{i+1} = \alpha\sin\left(i\beta + \frac{\beta}{2}\right) + \chi \tag{3.6}$$

式中:α 为振幅的大小,且 $\alpha = a\left|\sin\left(\dfrac{\beta}{2}\right)\right|$;$\beta$ 为两个相邻关节角度的相位差,且 $\beta = \dfrac{b}{n}$;χ 为偏离笛卡儿坐标系 x 轴方向的角度,且 $\chi = -\dfrac{c}{n}$。

根据式(3.1)可知,曲率 ρ 是以弧长 s 为变量的函数,并且当搜救机器人躯干中传播的波数一定时,主要受波形的初始弯角所决定。设搜救机器人的脊柱由 n 个躯干单元组成,每个躯干单元的长度为 L/n。根据曲线论的相关知识可知,当对曲线的曲率进行积分可以得到曲线相对横轴的角度,所以,对式(3.1)在相邻两个单元内进行求导,便可以得到相邻两个躯干单元之间的相对转角 θ 为

$$\theta_i(s) = \int_{s_i}^{s_i + L/n} \rho(s)\,\mathrm{d}u = -2\alpha\sin\left(\frac{k\pi}{n}\right)\sin\left(\frac{2k\pi}{L}s_i + \frac{k\pi}{n}\right) \tag{3.7}$$

由式(3.7)可以看出,躯干单元的相对转角 θ 的变化过程具有正弦函数的特点。当躯干单元的个数和传播的波数一定时,运动曲线的幅度取决于 α,并且相邻相对转角相差一个相位。

将式(3.7)对弧长 s 进行一阶求导和二阶求导,可以得到相对转角速度和相对角加速度:

$$\dot{\theta}_i(s) = \left(\frac{4k\pi\alpha}{L}\right)\sin\left(\frac{k\pi}{n}\right)\cos\left(\frac{2k\pi s_i}{L} + \frac{k\pi}{n}\right)\dot{s} \qquad (3.8)$$

$$\ddot{\theta}_i(s) = -\frac{8k^2\pi^2\alpha}{L^2}\sin\left(\frac{k\pi}{n}\right)\sin\left(\frac{2k\pi s_i}{L} + \frac{k\pi}{n}\right)\dot{s}^2 +$$

$$\frac{4k\pi\alpha}{L}\sin\left(\frac{k\pi}{n}\right)\cos\left(\frac{2k\pi s_i}{n} + \frac{k\pi}{n}\right)\ddot{s}^2 \qquad (3.9)$$

3.1.2 三维形态学模型

三维形态学主要是研究生物蛇的躯干在空间表现出的柔性弯曲程度。与 Serpenoid 曲线相比,三维形态学是以空间几何曲线 Frenet – Serret 模型为基础,建立单位长度的空间模型。

将蛇体躯干的单位长度表示为向量形式,设为 $\hat{x}(s) \in \mathbb{R}^3$,$s$ 为沿躯体的弧长,并且满足 $|\mathrm{d}\hat{x}/\mathrm{d}s| = 1$。对于弧长上满足 $|\mathrm{d}^2\hat{x}/\mathrm{d}s^2| \neq 0$ 的任意单位曲线,可定义 Frenet – Serret 标架,其 3 个轴向可表示为[2,3]

$$\boldsymbol{u}(s) = \frac{\mathrm{d}\hat{x}}{\mathrm{d}s} \qquad (3.10)$$

$$\boldsymbol{n}(s) = \frac{1}{\kappa(s)}\frac{\mathrm{d}\boldsymbol{u}(s)}{\mathrm{d}s} \qquad (3.11)$$

$$\boldsymbol{b}(s) = \boldsymbol{u}(s) \times \boldsymbol{n}(s) \qquad (3.12)$$

式中:$\boldsymbol{u}(s)$、$\boldsymbol{n}(s)$ 和 $\boldsymbol{b}(s)$ 分别为切向向量、法向向量和次法向向量;$\kappa(s)$ 为弧长的曲率,即

$$\kappa^2(s) = \frac{\mathrm{d}^2\boldsymbol{x}(s)}{\mathrm{d}s^2} \cdot \frac{\mathrm{d}^2\boldsymbol{x}(s)}{\mathrm{d}s^2} \qquad (3.13)$$

由式(3.13)可确定曲线的挠率,即

$$\tau(s) = \frac{1}{\kappa^2(s)}\boldsymbol{u}(s) \cdot \left(\frac{\mathrm{d}\boldsymbol{u}(s)}{\mathrm{d}s} \times \frac{\mathrm{d}^2\boldsymbol{u}(s)}{\mathrm{d}s^2}\right) \qquad (3.14)$$

需要特别说明的是,通常 Frenet – Serret 标架能够满足仿生蛇形机器人的多自由度分析,但当直线时 $\kappa = 0$,Frenet – Serret 标架便无法满足要求。另外,利用 $\kappa(s)$ 和 $\tau(s)$ 解算 $\boldsymbol{x}(s)$ 时,需要满足式(3.15)的要求,即

$$\boldsymbol{u}' - \left(2\frac{\kappa'}{\kappa} + \frac{\tau'}{\tau}\right)\boldsymbol{u} + \left(\kappa^2 + \tau^2 - \frac{\kappa\kappa' - 2\kappa'}{\kappa^2} + \frac{\kappa'\tau'}{\kappa\tau}\right)\boldsymbol{u}' + \kappa^2\left(\frac{\kappa'}{\kappa} - \frac{\tau'}{\tau}\right)\boldsymbol{u} = 0$$

$$(3.15)$$

为解决 Frenet – Serret 标架的局限性,对曲线上任意一点弧长 $\boldsymbol{x}(s,t)$ 进行参数化定义,有

$$\boldsymbol{x}(s,t) = \int_0^s l(\sigma,t)\boldsymbol{u}(\sigma,t)\mathrm{d}\sigma \tag{3.16}$$

式中: $\boldsymbol{u}(s,t)$ 为 t 时刻曲线 s 处的单位切向量,表征曲线方向; $l(\sigma,t)$ 为 t 时刻曲线长度标量,表征曲线幅度,其一般形式为

$$l(\sigma,t) = 1 + \varepsilon(s,t) > 0 \tag{3.17}$$

式中: $\varepsilon(s,t)$ 为 t 时刻曲线 s 点的延展量,当 $\varepsilon(s,t) > 0$ 时表示延展,当 $\varepsilon(s,t) < 0$ 表示压缩。曲线上任意两点 s_1 和 s_2 之间的长度为

$$L(s_2,t) - L(s_1,t) = \int_{s_1}^{s_2} l(\sigma,t)\mathrm{d}\sigma \tag{3.18}$$

从基点出发,随着 $\boldsymbol{u}(s,t)$ 和 $l(\sigma,t)$ 变化,不同点 $\boldsymbol{x}(s,t)$ 沿切线方向构成完整曲线。类似于欧拉角和四元数,利用上述的参数,可以给出空间曲线的坐标系关系,即

$$\boldsymbol{x}(s,t) = \begin{bmatrix} x_1(s,t) \\ x_2(s,t) \\ x_3(s,t) \end{bmatrix} = \begin{bmatrix} \int_0^s l(\sigma,t)\sin K(\sigma,t)\cos T(\sigma,t)\mathrm{d}\sigma \\ \int_0^s l(\sigma,t)\cos K(\sigma,t)\cos T(\sigma,t)\mathrm{d}\sigma \\ \int_0^s l(\sigma,t)\sin T(\sigma,t)\mathrm{d}\sigma \end{bmatrix} \tag{3.19}$$

式中: $K(\sigma,t)$ 和 $T(\sigma,t)$ 为 $\boldsymbol{u}(s,t)$ 在 $x_1(s,t)$、 $x_2(s,t)$、$x_3(s,t)$ 坐标系中的角度,如图 3.3 所示。当 $T(\sigma,t) = 0$ 时表示平面二维曲线,此时 $K(\sigma,t) = \theta(s,t)$,表示沿 x_2 轴方向的曲率,并且存在

$$\kappa(s,t) = \frac{1}{l(s,t)}\frac{\partial\theta(s,t)}{\partial s} \tag{3.20}$$

$$\boldsymbol{u}(s,t) = \begin{bmatrix} \sin\theta(s,t) \\ \sin\theta(s,t) \end{bmatrix}^{\mathrm{T}} \tag{3.21}$$

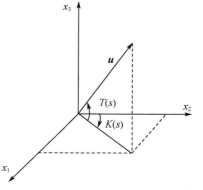

图 3.3　$K(\sigma,t)$ 和 $T(\sigma,t)$ 定义

参数化后的 Frenet – Serret 标架为

$$\kappa^2 = \frac{1}{l^2}[\dot{T}^2 + \dot{K}^2\cos^2 T] \tag{3.22}$$

$$\tau = \frac{1}{l}\left[\frac{\dot{K}\sin T - (\dot{T}\ddot{K} - \ddot{T}\dot{K})\cos T - \dot{T}^2\dot{K}\sin T}{\kappa^2}\right] \tag{3.23}$$

在曲线任取一点 s,定义一个正交坐标系 $\{x_1,x_2,x_3\}$,其原点位于 $\boldsymbol{x}(s,t)$,曲线坐标系可参数化为

$$Q(s,t) = \{\boldsymbol{x}_1(s,t),\boldsymbol{x}_2(s,t),\boldsymbol{x}_3(s,t)\} \in SO(3) \qquad (3.24)$$

当 $s=0$ 时,$Q(s,t)$ 为单位向量。曲线坐标系的定义方式多样,图 3.3 是根据 Frenet – Serret 标架进行定义,通常叫做参数化诱导坐标系或诱导坐标系,表示为 $Q_{IR}(s,t)$,即

$$Q_{IR}(s,t) = \begin{bmatrix} \cos K(s,t) & \sin K(s,t)\cos T(s,t) & -\sin K(s,t)\sin T(s,t) \\ -\sin K(s,t) & \cos K(s,t)\cos T(s,t) & -\cos K(s,t)\sin T(s,t) \\ 0 & \sin T(s,t) & \cos T(s,t) \end{bmatrix}$$

$$(3.25)$$

按实际要求设计 $K(s,t)$ 和 $T(s,t)$ 便可以得到三维空间曲线,但由于参数化诱导坐标系仅适合无弯曲和扭曲的空间曲线运动,故存在一定的局限性。

ACM 模型基于 Frenet – Serret 标架,完善了参数化诱导坐标系的不足。根据微分几何知识,Frenet – Serret 标架可表示为[4]

$$\begin{cases} \dfrac{dc}{ds} = & \boldsymbol{e}_1 \\[2mm] \dfrac{d\boldsymbol{e}_1}{ds} = & \kappa(s)\boldsymbol{e}_2 \\[2mm] \dfrac{d\boldsymbol{e}_2}{ds} = -\kappa(s)\boldsymbol{e}_1 & +\tau(s)\boldsymbol{e}_3 \\[2mm] \dfrac{d\boldsymbol{e}_3}{ds} = & -\tau(s)\boldsymbol{e}_2 \end{cases} \qquad (3.26)$$

式中:$c = \{x(s),y(s),z(s)\}$ 为曲线 s 点的坐标系;$\{\boldsymbol{e}_1,\boldsymbol{e}_2,\boldsymbol{e}_3\}$ 为正交坐标系;$\boldsymbol{e}_1$ 为躯体的单位切向量;$\boldsymbol{e}_2$ 为单位法向量,$\boldsymbol{e}_3$ 由右手定则得到,$\boldsymbol{e}_3 = \boldsymbol{e}_1 \times \boldsymbol{e}_2$。因此,该坐标系同样为固连在躯体的坐标系,当任意一点 s 处发生弯曲和扭转时,其角速度表示为 $(\tau(s)\boldsymbol{e}_1 + \kappa(s)\boldsymbol{e}_3)$,坐标表示为 c。为完善参数化诱导坐标系的不足,ACM 模型表示为

$$\begin{cases} \dfrac{dc}{ds} = e_r \\[2mm] \dfrac{de_r}{ds} = & \kappa_y(s)e_p - \kappa_p(s)e_y \\[2mm] \dfrac{de_p}{ds} = -\kappa_y(s)e_r & +\tau(s)e_y \\[2mm] \dfrac{de_y}{ds} = \kappa_p(s)e_r - \tau(s)e_p \end{cases} \qquad (3.27)$$

式中, e_y、e_p 与 e_2、e_3 不同,用来表示躯体背部的方向。$\tau(s)$、$\kappa_y(s)$、$\kappa_p(s)$ 为形函数。s 处角速度表示为 $(\tau(s)e_r + \kappa_p(s)e_p + \kappa_y(s)e_y)$,通过积分可得到不同点的坐标 $\{c, e_r, e_p, e_y\}$。

当 $\tau(s) = \kappa_y(s) = 0$,ACM 模型退化为二维曲线。当 $\kappa_y(s) = 0$,ACM 模型为 Frenet – Serret 标架。当 $\tau(s) = 0$,ACM 表示无扭转的波动,此时的相对转角可由式(3.28)、式(3.29)确定,即

$$\theta_{p,i} = \int_{s(i-1)}^{s(i+1)} \kappa_p(s \cdot i)\,\mathrm{d}u \tag{3.28}$$

$$\theta_{y,i} = \int_{s(i-1)}^{s(i+1)} \kappa_y(s \cdot i)\,\mathrm{d}u \tag{3.29}$$

式中:$\theta_{p,i}$ 和 $\theta_{y,i}$ 为第 i 个关节的俯仰角和偏航角。

3.2 连杆结构的运动学模型

3.2.1 二维运动模型

为满足运动指标的要求,蛇形机器人的关节必须具有俯仰和偏航运动功能,根据前面的介绍,搜救机器人由多个模块组成,并且每个模块可实现绕水平轴和铅垂轴旋转。假设相邻两个水平轴、铅垂轴分别相等,长度均为 d,以蛇形机器人头部前端位置作为整个模型方程建立的基坐标,如图 3.4 所示,通过搜救机器人的简化模型可以得到以下方程,即

$$\begin{cases} x_i = x - \sum_{j=1}^{i-1} d_j\cos\theta_j - \dfrac{d_i}{2}\cos\theta_i \\ y_i = x - \sum_{j=1}^{i-1} d_j\sin\theta_j - \dfrac{d_i}{2}\sin\theta_i \end{cases} \quad i = 1, 2, \cdots, n \tag{3.30}$$

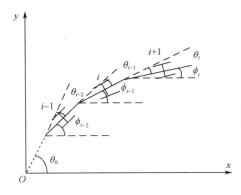

图 3.4　搜救机器人的二维简图

将式(3.30)进行求导,可以得到每个模块的速度方程,即

$$
\begin{cases}
\dot{x}_i = \dot{x} + \sum_{j=1}^{i-1} d_j \sin(\theta_j)\,\dot{\theta}_j + \dfrac{d_i}{2}\sin(\theta_i)\,\dot{\theta}_i \\[2mm]
\dot{y}_i = \dot{y} + \sum_{j=1}^{i-1} d_j \cos(\theta_j)\,\dot{\theta}_j + \dfrac{d_i}{2}\cos(\theta_i)\,\dot{\theta}_i
\end{cases}
\qquad i = 1,2,\cdots,n \qquad (3.31)
$$

考虑从动轮不发生侧滑现象的非完整约束条件为

$$
\dot{x}_i \sin\theta_i - \dot{y}_i \cos\theta_i = 0 \quad i = 1,2,\cdots,n \qquad (3.32)
$$

将式(3.31)代入式(3.32)得

$$
\frac{d}{2}\dot{\theta}_i + \sum_{j=1}^{i-1} d\cos(\theta_i - \theta_j)\,\dot{\theta}_j = \dot{y}\cos\theta_i - \dot{x}\sin\theta_i \quad i = 1,2,\cdots,n \qquad (3.33)
$$

为了简化公式,将一些函数定义成符号表示,即 $S_i = \sin\theta_i$、$C_i = \cos\theta_i$、$C_{ij} = \cos(\theta_i - \theta_j)$。整个非完整约束方程可以表示为

$$
\boldsymbol{D}\dot{\boldsymbol{\Theta}} = \boldsymbol{L}\dot{\boldsymbol{P}} \qquad (3.34)
$$

式中：$\boldsymbol{D} = \begin{bmatrix} \dfrac{d}{2} & & & \\ dC_{21} & \dfrac{d}{2} & & 0 \\ dC_{31} & dC_{32} & \dfrac{d}{2} & \\ \cdots & \cdots & \cdots & \\ dC_{n1} & dC_{n2} & \cdots & \dfrac{d}{2} \end{bmatrix}$，$\dot{\boldsymbol{\Theta}} = \begin{bmatrix} \dot{\theta}_1 \\ \dot{\theta}_2 \\ \cdots \\ \dot{\theta}_n \end{bmatrix}$，$\boldsymbol{L} = \begin{bmatrix} -S_1 & C_1 \\ -S_2 & C_2 \\ \cdots & \cdots \\ -S_n & C_n \end{bmatrix}$，$\dot{\boldsymbol{P}} = \begin{bmatrix} \dot{x} \\ \dot{y} \end{bmatrix}$。

每个模块相对于 x 轴绝对角 φ 可以表示为

$$
\dot{\boldsymbol{\Phi}} = \boldsymbol{E}\boldsymbol{D}^{-1}\boldsymbol{L}\dot{\boldsymbol{P}} \qquad (3.35)
$$

式中：$\dot{\boldsymbol{\Phi}} = \begin{bmatrix} \dot{\phi}_1 \\ \dot{\phi}_2 \\ \cdots \\ \dot{\phi}_n \end{bmatrix}$，$\boldsymbol{E} = \begin{bmatrix} 1 & -1 & & 0 \\ & 1 & -1 & \\ & & & \ddots \\ 0 & & 1 & -1 \end{bmatrix}$。

式(3.35)给出了绝对角速度函数,根据头部速度以及整个蛇体形态,且保证蛇形机器人无侧滑现象时所建立的,同时也可定义蛇形机器人头部的速度以及整个蛇体的运动行为描述。

3.2.2　三维运动学模型

1. 躯干运动模型

三维运动学模型描述的是蛇形机器人的空间位置关系。设每个关节具有俯

仰和偏航功能,将两个关节之间结构简化为连杆。如图 3.5 所示,以第 i 个和第 $i+1$ 个为例,设 x 轴为前进方向,y 轴位于水平面内并与 x 轴垂直,z 轴由右手定则得到。设第 i 个连杆与水平面之间的夹角为 $\varphi_{\{v\},i}$,称铅垂转角,其在水平面之间的投影与 x 轴之间的夹角为 $\varphi_{\{h\},i}$,称水平转角。位置方程为

$$DP_i = T_{\varphi_{v,i-1}} T_{\varphi_{h,i-1}} L_{i-1} + T_{\varphi_{v,i}} T_{\varphi_{h,i}} L_i \tag{3.36}$$

其中:$D = \begin{bmatrix} 1 & -1 & 0 & 0 \\ 0 & 1 & -1 & 0 \\ 0 & 0 & 1 & -1 \end{bmatrix}$,$P_i = \begin{bmatrix} x_i & y_i & z_i \end{bmatrix}^T$,$T_{\varphi_{v,i}} =$

$\begin{bmatrix} \cos\varphi_{v.i} & 0 & \sin\varphi_{v.i} \\ 0 & 1 & 0 \\ -\sin\varphi_{v.i} & 0 & \cos\varphi_{v.i} \end{bmatrix}$,$T_{\varphi_{h,i}} = \begin{bmatrix} \cos\varphi_{h.i} & \sin\varphi_{h.i} & 0 \\ -\varphi_{h.i} & \cos\varphi_{h.i} & 0 \\ 0 & 0 & 1 \end{bmatrix}$,$L_i = \begin{bmatrix} l_i & 0 & 0 \end{bmatrix}^T$。分别对

式(3.36)求一阶导数和二阶导数,可得到速度方程和加速度方程,即

$$D\dot{P} = \mathcal{E}_{i-1} L_{i-1} + \mathcal{E}_i L_i \tag{3.37}$$

$$D\ddot{P}_i = \mathcal{L}_{i-1} L_{i-1} + \mathcal{E}_i L_i \tag{3.38}$$

其中:$\mathcal{E}_i = \dot{T}_{\varphi_{v,i}} \dot{\varphi}_{v,i} T_{\varphi_{h,i}} + T_{\varphi_{v,i}} \dot{T}_{\varphi_{h,i}} \varphi_{h,i}$

$\mathcal{L}_i = \ddot{T}_{\varphi_{v,i}} \dot{\varphi}_{v,i}^2 T_{\varphi_{h,i}} + \dot{T}_{\varphi_{v,i}} \ddot{\varphi}_{v,i} T_{\varphi_{h,i}} + 2 \dot{T}_{\varphi_{v,i}} \dot{\varphi}_{v,i} \dot{T}_{\varphi_{h,i}} \dot{\varphi}_{h,i} + T_{\varphi_{v,i}} \ddot{T}_{\varphi_{h,i}} \dot{\varphi}_{h,i}^2 + T_{\varphi_{v,i}} \dot{T}_{\varphi_{h,i}} \ddot{\varphi}_{h,i}$

蛇形机器人质心位移方程、速度方程和加速度方程为

$$\overline{P} = \begin{bmatrix} \overline{x} \\ \overline{y} \\ \overline{z} \end{bmatrix} = \begin{bmatrix} \dfrac{1}{nm}\sum_n^{i=1} mx_i \\ \dfrac{1}{nm}\sum_n^{i=1} my_i \\ \dfrac{1}{nm}\sum_n^{i=1} mz_i \end{bmatrix} = \dfrac{1}{n}\begin{bmatrix} e_n^T x \\ e_n^T y \\ e_n^T z \end{bmatrix} \tag{3.39}$$

$$\dot{P} = \begin{bmatrix} \dot{x} \\ \dot{y} \\ \dot{z} \end{bmatrix} = \begin{bmatrix} \dfrac{1}{nm}\sum_n^{i=1} m\dot{x}_i \\ \dfrac{1}{nm}\sum_n^{i=1} m\dot{y}_i \\ \dfrac{1}{nm}\sum_n^{i=1} m\dot{z}_i \end{bmatrix} = \dfrac{1}{n}\begin{bmatrix} e_n^T \dot{x} \\ e_n^T \dot{y} \\ e_n^T \dot{z} \end{bmatrix} \tag{3.40}$$

$$\ddot{\boldsymbol{P}} = \begin{bmatrix} \ddot{\bar{x}} \\ \ddot{\bar{y}} \\ \ddot{\bar{z}} \end{bmatrix} = \begin{bmatrix} \dfrac{1}{nm}\displaystyle\sum_{n}^{i=1} m\,\ddot{x}_i \\ \dfrac{1}{nm}\displaystyle\sum_{n}^{i=1} m\,\ddot{y}_i \\ \dfrac{1}{nm}\displaystyle\sum_{n}^{i=1} m\,\ddot{z}_i \end{bmatrix} = \dfrac{1}{n}\begin{bmatrix} \boldsymbol{e}_n^{\mathrm{T}}\,\ddot{x} \\ \boldsymbol{e}_n^{\mathrm{T}}\,\ddot{y} \\ \boldsymbol{e}_n^{\mathrm{T}}\,\ddot{z} \end{bmatrix} \qquad (3.41)$$

其中：$\boldsymbol{e}_i = \begin{bmatrix} 1 & \cdots & 1 \end{bmatrix}_{1\times i}^{\mathrm{T}}$。

2. 变形运动模型

由于仿生蛇形机器人具有高度变形结构,需要对其建立数学模型。为研究方便,设变形时,机器人机体运动仅在铅垂面内,简化为连杆结构,如图 3.6 所示。

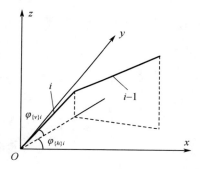

图 3.5　搜救机器人的三维简图　　图 3.6　铅垂面内连杆结构简图

设变形结构长度为 $2d$,位置方程为

$$\begin{pmatrix} x_i \\ y_i \\ z_i \end{pmatrix}_L = \begin{pmatrix} x_i \\ y_i \\ z_i \end{pmatrix}_B + d\begin{pmatrix} \cos\varphi_{L,i} \\ 0 \\ -\sin\varphi_{L,i} \end{pmatrix} \qquad (3.42)$$

式中：$\varphi_{L,i}$ 为变形结构与铅垂线之间的夹角。对式(3.42)求一阶、二阶导数,得到速度方程和加速度方程为

$$\begin{pmatrix} \dot{x}_i \\ \dot{y}_i \\ \dot{z}_i \end{pmatrix}_L = \begin{pmatrix} \dot{x}_i \\ \dot{y}_i \\ \dot{z}_i \end{pmatrix}_B + d\begin{pmatrix} -\sin\varphi_{L,i} \\ 0 \\ -\cos\varphi_{L,i} \end{pmatrix}\dot{\varphi}_{L,i} \qquad (3.43)$$

$$\begin{pmatrix} \ddot{x}_i \\ \ddot{y}_i \\ \ddot{z}_i \end{pmatrix}_L = \begin{pmatrix} \ddot{x}_i \\ \ddot{y}_i \\ \ddot{z}_i \end{pmatrix}_B + d\begin{pmatrix} -\sin\varphi_{L,i} \\ 0 \\ -\cos\varphi_{L,i} \end{pmatrix}\ddot{\varphi}_{L,i} + d\begin{pmatrix} -\cos\varphi_{L,i} \\ 0 \\ \sin\varphi_{L,i} \end{pmatrix}\ddot{\varphi}_{L,i}^2 \qquad (3.44)$$

设腿轮半径为 R，其位置方程为

$$\begin{pmatrix} x_i \\ y_i \\ z_i \end{pmatrix}_W = \begin{pmatrix} x_i \\ y_i \\ z_i \end{pmatrix}_L + (R + 2d) \begin{pmatrix} \cos\theta_{L,i} \\ 0 \\ -\sin\theta_{L,i} \end{pmatrix} \quad (3.45)$$

对式(3.45)求一阶、二阶导数，得到速度方程和加速度方程为

$$\begin{pmatrix} \dot{x}_i \\ \dot{y}_i \\ \dot{z}_i \end{pmatrix}_W = \begin{pmatrix} \dot{x}_i \\ \dot{y}_i \\ \dot{z}_i \end{pmatrix}_L + (R + 2d) \begin{pmatrix} -\sin\theta_{L,i} \\ 0 \\ -\cos\theta_{L,i} \end{pmatrix} \dot{\theta}_{L,i} \quad (3.46)$$

$$\begin{pmatrix} \ddot{x}_i \\ \ddot{y}_i \\ \ddot{z}_i \end{pmatrix}_W = \begin{pmatrix} \ddot{x}_i \\ \ddot{y}_i \\ \ddot{z}_i \end{pmatrix}_L + (R + d) \begin{pmatrix} -\sin\theta_{L,i} \\ 0 \\ -\cos\theta_{L,i} \end{pmatrix} \ddot{\theta}_{L,i} + 2d \begin{pmatrix} -\cos\theta_{L,i} \\ 0 \\ \sin\theta_{L,i} \end{pmatrix} \dot{\theta}_{L,i}^2 \quad (3.47)$$

设表示变形结构与躯体结构垂线之间的夹角为 $\gamma_{v,i}$，故存在以下关系，即

$$\varphi_{L,i} = \varphi_{v,i} + \gamma_{v,i} \quad (3.48)$$

式中：$\varphi_{v,i}$ 为躯体结构与水平面之间的夹角。

3.3 动力学模型

3.3.1 常见的动力学建模方法

1. 牛顿 – 欧拉方法

根据力、力矩平衡原理，存在以下关系，即

$$^{i-1}\boldsymbol{f}_i - {}^i\boldsymbol{f}_{i+1} + m_i\boldsymbol{g} - m_i\dot{\boldsymbol{v}}_{ci} = 0 \quad (3.49)$$

$$^{i-1}\boldsymbol{N}_i - {}^i\boldsymbol{N}_{i+1} + {}^i\boldsymbol{p}_{ci} \times \boldsymbol{f}_{i+1} - {}^{i-1}\boldsymbol{p}_{ci} \times {}^{i-1}\boldsymbol{f}_i - \boldsymbol{I}\dot{\boldsymbol{\omega}}_i - \boldsymbol{\omega}_i \times (\boldsymbol{I}_i\boldsymbol{\omega}_i) = 0 \quad (3.50)$$

式中：$\boldsymbol{I}$ 为杆 i 绕其质心的惯性张量，即

$$\boldsymbol{I} = \begin{bmatrix} \int[(y_i - y_c)^2 + (z_i - z_c)^2]\rho\mathrm{d}v & -\int[(x_i - x_c)(y_i - y_c)]\rho\mathrm{d}v & -\int[(x_i - x_c)(z_i - z_c)]\rho\mathrm{d}v \\ -\int[(x_i - x_c)(y_i - y_c)]\rho\mathrm{d}v & \int[(y_i - y_c)^2 + (z_i - z_c)^2]\rho\mathrm{d}v & -\int[(z_i - z_c)(y_i - y_c)]\rho\mathrm{d}v \\ -\int[(x_i - x_c)(z_i - z_c)]\rho\mathrm{d}v & -\int[(z_i - z_c)(y_i - y_c)]\rho\mathrm{d}v & \int[(y_i - y_c)^2 + (z_i - z_c)^2]\rho\mathrm{d}v \end{bmatrix}$$

通过递推关系得到关节位移与关节力间关系的机器人封闭动力学方程为

$$\tau_i = \sum_{j=1}^n M_{ij} \ddot{q}_j + \sum_{j=1}^n \sum_{k=1}^n h_{ijk} \dot{q}_j \dot{q}_k + G_i \qquad (3.51)$$

式(3.51)中右边第一项为惯性力项,第二项为哥氏力和离心力,第三项为重力项。

2. 拉格朗日方法

设 $\boldsymbol{q} = [q_1, q_2, \cdots, q_n]^T \in \mathbf{R}^n$ 为一个 n 自由度机械系统的广义坐标。为这个机械系统选取以下的拉格朗日函数,即

$$\boldsymbol{L}(\boldsymbol{q}, \dot{\boldsymbol{q}}) = \boldsymbol{K}(\boldsymbol{q}, \dot{\boldsymbol{q}}) - \boldsymbol{P}(\boldsymbol{q}) \qquad (3.52)$$

式中:$\boldsymbol{K}(\boldsymbol{q}, \dot{\boldsymbol{q}})$、$\boldsymbol{P}(\boldsymbol{q})$ 分别为系统的动能和势能。那么,应用拉格朗日建模法可知,该机械系统的动力学方程为

$$\frac{\mathrm{d}}{\mathrm{d}t} \frac{\partial \boldsymbol{L}(\boldsymbol{q}, \dot{\boldsymbol{q}})}{\partial \dot{q}_i} - \frac{\partial \boldsymbol{L}(\boldsymbol{q}, \dot{\boldsymbol{q}})}{\partial q_i} = \boldsymbol{Q}_i \quad i = 1, 2, \cdots, n \qquad (3.53)$$

式中:$\boldsymbol{Q}_i$ 为作用在系统的第 i 个状态量上的广义力。

$$\boldsymbol{Q}_i = \boldsymbol{\tau} + \boldsymbol{J}^T \boldsymbol{F} \qquad (3.54)$$

$$K_i = \frac{1}{2} m_i \boldsymbol{v}_{ci}^T \boldsymbol{v}_{ci} + \frac{1}{2} \boldsymbol{\omega}_i^T I_i \boldsymbol{\omega}_{ci} \qquad (3.55)$$

式(3.55)中第1项为质量 m_i 平移运动的动能,第2项为绕质点转动的动能。

$$P = \sum_{i=1}^n m_i g \boldsymbol{p}_{ci} \qquad (3.56)$$

式中:g 为惯性参考系中的重力加速度;$\boldsymbol{p}_{ci}$ 为在惯性参考系中由坐标原点到杆 i 质心的向量。

3. 凯恩方法

凯恩方法是建立在多自由度系统动力学方程上而发展起来的一种新方法,其基本思想源出于吉不斯、阿沛耳的伪坐标概念,即利用广义速率代替广义坐标作为独立变量来描述系统的运动,其着重点集中于运动。

广义速率 u_r 是从组成系统的质心速度和刚体角速度中任意选取 N 个独立标量,一般可表示为广义坐标的导数的线性组合,即

$$u_r = \sum_{j=1}^n Y_{rj} \dot{q}_j + Z_r \qquad (3.57)$$

$$u_r = \dot{\pi}_r \qquad (3.58)$$

式中:π_r、u_r 为阿沛耳定义的伪坐标和伪速度。

构成系统的任意质点 P 相对于惯性参考基的绝对速度 v 及任意刚体 B 的绝对角速度可唯一表示为广义速率 u_r 线性组合,即

$$v_v = \sum_{r=1}^{n} v_i^{(r)} u_r + v_i^{(t)} \tag{3.59}$$

$$\boldsymbol{\omega}_v = \sum_{r=1}^{N} \boldsymbol{\omega}_i^{(r)} u_r + \boldsymbol{\omega}_i^{(t)} \tag{3.60}$$

式中：$v_i^{(r)}$ 为质点 P 相对于惯性参考系的第 r 偏速度；$\boldsymbol{\omega}_v^{(t)}$ 为刚体 B_i 相对于惯性参考系的第 r 偏速度。

刚体的主动广义力和广义惯性力的计算式为

$$\boldsymbol{F}^{(r)} = \boldsymbol{F} \cdot v_o^{(r)} + \boldsymbol{M} \cdot \boldsymbol{\omega}^r \tag{3.61}$$

$$\boldsymbol{F}^{*(r)} = \boldsymbol{F}^* \cdot v_o^{(r)} + \boldsymbol{M}^* \cdot \boldsymbol{\omega}^r \tag{3.62}$$

对于 N 个自由度的机械多体系统，确定 N 个广义速率后，便可计算出系统各质点及刚体相应的偏速度、偏角速度及相应的 N 个广义主动力和广义惯性力。令每个广义速率所对应的广义主动力及广义惯性力之和为零，即得到凯恩方程为

$$\boldsymbol{F}^{(r)} + \boldsymbol{F}^{*(r)} = 0 \tag{3.63}$$

凯恩方法同拉格朗日方法一样，也具有不出现理想约束力的优点，但与分析力学方法相比，可以避免计算动力学函数而直接导出动力学方程，计算量明显减少。

3.3.2 蛇形机器人动力学模型

拉格朗日方法是利用系统中的功和能量来描述机器人的动力学特性，该方法可消除机器人内部约束力的影响，在任何坐标系统中都能求出系统闭环动力学方程。使用这种方法求得的方程形式简单，便于计算，效果更加直观。

关于拉格朗日函数有以下的定义：假设 $q_1,\cdots,q_n$ 是动力学系统中的广义坐标，T 和 U 分别表示动力学系统中的总动能和总势能。拉格朗日函数 L 可以表述为

$$\boldsymbol{L}(q_i,q_i) = \boldsymbol{T}(q_i,q_i) - \boldsymbol{U}(q_i) \tag{3.64}$$

式中，势能是广义坐标 q_i 函数，动能是广义坐标 q_i 和广义速度 q_i 函数，拉格朗日方程式表示为

$$\frac{\mathrm{d}}{\mathrm{d}t}\frac{\partial L}{\partial \dot{q}_i} - \frac{\partial L}{\partial q_i} = \boldsymbol{Q}_i \quad i = 1,\cdots,n \tag{3.65}$$

式中：$\boldsymbol{Q}_i$ 为对应于广义坐标 q_i 的广义力。

一般情况下，具有一阶非完整约束的动力学方程式可表示为

$$\begin{cases} \boldsymbol{M}(\boldsymbol{q})\,\ddot{\boldsymbol{q}} + \boldsymbol{V}_m(\boldsymbol{q},\dot{\boldsymbol{q}})\,\dot{\boldsymbol{q}} + \boldsymbol{F}(\dot{\boldsymbol{q}}) + \boldsymbol{G}(\boldsymbol{q}) + \tau_d = \boldsymbol{B}(\boldsymbol{q})\boldsymbol{T} - \boldsymbol{A}^{\mathrm{T}}(\boldsymbol{q})\boldsymbol{\lambda} \\ \boldsymbol{A}(\boldsymbol{q})\,\dot{\boldsymbol{q}} = 0 \end{cases}$$

$$\tag{3.66}$$

式中：$q \in \mathbf{R}^n$ 为系统的状态变量；$M(q) \in \mathbf{R}^{n \times n}$ 为对称正定矩阵；$V_m(q,\dot{q})\dot{q} \in \mathbf{R}^{n \times n}$ 为向心力和哥氏力；$F(\dot{q}) \in \mathbf{R}^{n \times 1}$ 与 $G(q) \in \mathbf{R}^{n \times 1}$ 分别为系统的摩擦项和重力项，对于在平面运动的机器人，公式中的 $G(q) = 0$；τ_d 为未知扰动和未建模的动力学；$B(q) \in \mathbf{R}^{n \times r}$ 为系统变换矩阵；T 为系统的控制输入量；$A(q) \in \mathbf{R}^{m \times n}$ 为系统的约束矩阵；$\lambda \in \mathbf{R}^{m \times 1}$ 为系统的约束力，该约束力不能直接改变，属于一种特殊的内部变量。

为了进一步对搜救机器人进行动力学分析，将其结构进行简化，如图 3.4 所示。假设每个单元模块长度 d，令 $r = [x_h, y_h]^T$，θ_h 表示在惯性坐标系下蛇头的位置和姿态，矩阵 $\boldsymbol{\phi} = [\phi_1, \cdots, \phi_{n-1}]^T$ 表示相关的关节角度，令 $\boldsymbol{\theta} = [\theta_h, \phi_1, \cdots, \phi_{n-1}]^T$ 和 $q = [r^T, \boldsymbol{\theta}^T]^T \in \mathbf{R}^{n+2}$，把蛇头的位置看作状态变量进行控制。定义状态变量 $\overline{\boldsymbol{\omega}} = [r^T, \boldsymbol{\phi}_m^T]^T \in \mathbf{R}^{m+2}$，$\overline{q} = [\overline{\boldsymbol{\omega}}^T, \overline{\boldsymbol{\theta}}^T]^T \in \mathbf{R}^{n+2}$，$\overline{\boldsymbol{\theta}}$ 表示与 $n - m$ 关节角度向量。

在轮子不发生侧移的前提条件下，建立非完整约束的动力学方程，其中非完整速度约束可以表示为

$$A\dot{r} = B\dot{\boldsymbol{\theta}} \tag{3.67}$$

式中：$A \in \mathbf{R}^{n \times 2}$，$B \in \mathbf{R}^{n \times n}$，矩阵 B 可以表示为

$$B = \begin{bmatrix} d & & & 0 \\ b_{21} & d & & \\ \vdots & & \ddots & \\ b_{n1} & \cdots & \cdots & d \end{bmatrix} \tag{3.68}$$

由于搜救机器人采用正交安装结构，相邻两关节之间可以安装一组从动轮，假设所安装的从动轮个数不确定，那么新向量 $\widetilde{A} \in \mathbf{R}^{(n-m) \times 2}$、$\widetilde{B} \in \mathbf{R}^{(n-m) \times n}$，新的约束方程可以表示为

$$\widetilde{A}\dot{r} = \widetilde{B}\dot{\boldsymbol{\theta}} \tag{3.69}$$

利用运动学冗余向量对冗余系统内部进行动力学控制，可将控制状态变量重新定义，得到新的约束方程为

$$\overline{A}\dot{\overline{\boldsymbol{\omega}}} = \overline{B}\dot{\overline{\boldsymbol{\theta}}} \tag{3.70}$$

式中：$\overline{\boldsymbol{\theta}}$ 为与从动轮对应的状态向量，根据建模需要，定义一个选择矩阵 $S \in \mathbf{R}^{(m+2) \times (n+2)}$，$\overline{S} \in \mathbf{R}^{(n-m) \times (n+2)}$ 满足 $\overline{\boldsymbol{\omega}} = Sq \in \mathbf{R}^{(m+2) \times 1}$，$\overline{\boldsymbol{\theta}} = \overline{S}q \in \mathbf{R}^{(n-m) \times 1}$，矩阵 S 满足 $SS^T = I_{m+2}$，$\overline{S} \cdot \overline{S}^T = I_{n-m}$，$S\overline{S}^T = O$，同时满足 $\overline{A} = [\widetilde{A} \quad -\widetilde{B}]S^T \in \mathbf{R}^{(n-m) \times (m+2)}$，$\overline{B} = -[\widetilde{A} \quad -\widetilde{B}]\overline{S}^T \in \mathbf{R}^{(n-m) \times (n-m)}$，且矩阵 $\overline{B}$ 是满秩矩阵。

定义一个变换矩阵 T 满足 $q = T \cdot \overline{q}$，$T = [S^T \quad \overline{S}^T]$，其中 T 为正交矩阵，且 $T \in \mathbf{R}^{(n+2) \times (n+2)}$，$T^{-1} = T^T$，速度约束公式 (3.70) 可以表示为

$$\begin{bmatrix} -\overline{F} & I_{n-m} \end{bmatrix} \begin{bmatrix} \dot{\boldsymbol{\omega}} \\ \dot{\boldsymbol{\theta}} \end{bmatrix} = \begin{bmatrix} -\overline{F} & I_{n-m} \end{bmatrix} \boldsymbol{T}^{\mathrm{T}} \dot{\boldsymbol{q}} = 0 \tag{3.71}$$

式中：$\overline{F} = \overline{B}^{-1}\overline{A}$。利用拉格朗日乘子法得到动力学方程为

$$\boldsymbol{M}(\boldsymbol{\theta})\ddot{\boldsymbol{q}} + \boldsymbol{C}(\dot{\boldsymbol{\theta}},\boldsymbol{\theta})\dot{\boldsymbol{q}} + \boldsymbol{D}(\boldsymbol{\theta})\dot{\boldsymbol{q}} + \boldsymbol{T}\begin{bmatrix} -\overline{F}^{\mathrm{T}} \\ I_{n-m} \end{bmatrix}\boldsymbol{\lambda} = \widetilde{\boldsymbol{E}}\boldsymbol{\tau} \tag{3.72}$$

式中：$\boldsymbol{\lambda} \in \mathbf{R}^{(n-m)\times 1}$ 为拉格朗日乘子；$\boldsymbol{M}(\boldsymbol{\theta}) \in \mathbf{R}^{(n+2)\times(n+2)}$ 为惯性矩阵；$\boldsymbol{C}(\dot{\boldsymbol{\theta}},\boldsymbol{\theta}) \in \mathbf{R}^{(n+2)\times(n+2)}$ 为科氏力和地心引力矩阵；$\boldsymbol{D}(\boldsymbol{\theta}) \in \mathbf{R}^{(n+2)\times(n+2)}$ 为衰减矩阵；$\widetilde{\boldsymbol{E}} = \begin{bmatrix} O_{(n-1)\times 3}, I_{n-1} \end{bmatrix}^{\mathrm{T}} \in \mathbf{R}^{(n+2)\times(n-1)}$，考虑约束条件，将式(3.69)简化成

$$\overline{\boldsymbol{M}}\ddot{\boldsymbol{\omega}} + (\overline{\boldsymbol{C}} + \overline{\boldsymbol{D}})\dot{\boldsymbol{\omega}} = \overline{\boldsymbol{E}}\boldsymbol{\tau} \tag{3.73}$$

式中 $\quad \overline{\boldsymbol{M}} = \begin{bmatrix} I_{m+2} & \overline{F}^{\mathrm{T}} \end{bmatrix} \boldsymbol{T}^{\mathrm{T}} \boldsymbol{M} \boldsymbol{T} \begin{bmatrix} I_{m+2} \\ \overline{F} \end{bmatrix} \in \mathbf{R}^{(m+2)\times(m+2)}$

$\overline{\boldsymbol{C}} = \begin{bmatrix} I_{m+2} & \overline{F}^{\mathrm{T}} \end{bmatrix} \boldsymbol{T}^{\mathrm{T}} \boldsymbol{M} \boldsymbol{T} \begin{bmatrix} 0 \\ \dot{\overline{F}} \end{bmatrix} + \begin{bmatrix} I_{m+2} & \overline{F}^{\mathrm{T}} \end{bmatrix} \boldsymbol{T}^{\mathrm{T}} \boldsymbol{C} \boldsymbol{T} \begin{bmatrix} I_{m+2} \\ \overline{F} \end{bmatrix} \in \mathbf{R}^{(m+2)\times(m+2)}$

$\overline{\boldsymbol{D}} = \begin{bmatrix} I_{m+2} & \overline{F}^{\mathrm{T}} \end{bmatrix} \boldsymbol{T}^{\mathrm{T}} \boldsymbol{D} \boldsymbol{T} \begin{bmatrix} I_{m+2} \\ \overline{F} \end{bmatrix} \in \mathbf{R}^{(m+2)\times(m+2)}$

$\overline{\boldsymbol{E}} = \begin{bmatrix} I_{m+2} & \overline{F}^{\mathrm{T}} \end{bmatrix} \boldsymbol{T}^{\mathrm{T}} \widetilde{\boldsymbol{E}} \in \mathbf{R}^{(m+2)\times(n-1)}$

搜救机器人运动过程中，受到轮子约束力的限制，约束力的方向总是阻碍轮子侧向运动趋势，如图 3.7 所示。

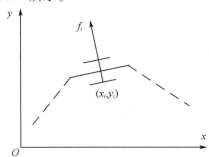

图 3.7　约束力 f_i 方向示意图

定义 f_i 为约束力，$\boldsymbol{f} = \begin{bmatrix} f_1 & f_2 & \cdots & f_{n-m} \end{bmatrix} \in \mathbf{R}^{(n-m)\times 1}$，其简化表达式为

$$\boldsymbol{f} = \boldsymbol{X}\boldsymbol{\tau} + \boldsymbol{Y} \tag{3.74}$$

式中：$\boldsymbol{X} = \overline{\boldsymbol{B}}^{-\mathrm{T}}(\boldsymbol{J}\boldsymbol{M}^{-1}\boldsymbol{J}^{\mathrm{T}})^{-1}\boldsymbol{J}\boldsymbol{M}^{-1}\widetilde{\boldsymbol{E}}$；$\boldsymbol{Y} = \overline{\boldsymbol{B}}^{-\mathrm{T}}(\boldsymbol{J}\boldsymbol{M}^{-1}\boldsymbol{J}^{\mathrm{T}})^{-1}(\boldsymbol{J}\boldsymbol{M}^{-1}(\boldsymbol{C}\dot{\boldsymbol{q}} + \boldsymbol{D}\dot{\boldsymbol{q}}) - \dot{\boldsymbol{J}}\dot{\boldsymbol{q}})$；$\boldsymbol{J} = \begin{bmatrix} -\overline{F} & I_{n-m} \end{bmatrix}\boldsymbol{T}^{\mathrm{T}}$；$\boldsymbol{X} \in \mathbf{R}^{(n-m)\times(n-1)}$ 为力矩与约束力之间的变换矩阵；$\boldsymbol{Y} \in \mathbf{R}^{(n-m)\times 1}$ 为与速度相关的非线性项。

根据上述建立的搜救机器人动力学方程和约束力方程,设计合理的控制器,对搜救机器人运动步态和稳定性进行有效的控制。

3.4 运动控制方法

对于蛇形机器人的运动控制,常见的有基于动力学模型的控制方法和基于神经元理论的 CPG 方法。前者不但可以实现力控制,还能按照预定的角度实现姿态控制,但由于蛇形机器人具有多自由度,属于耦合性较强的系统,因此在解耦问题中成为一个研究重点。后者是参考生物体运动控制原理,产生多组等相位差的周期性节奏信号,同时对发生运动的关节进行控制,从而实现蛇形机器人运动。

3.4.1 基于动力学的解耦控制方法

对于蛇形机器人二维运动的解耦问题,Saito[5] 进行了详细分析。根据蛇形机器人运动条件可知,法向摩擦力(约束力)要大于切向摩擦力。在动力学模型基础上,建立运动控制器时,必须考虑摩擦力的模型。对于普通的摩擦力,是与速度相关的。设第 i 节连杆上的单位长度为 ds,如图 3.8 所示,其位置为

$$\boldsymbol{p}_i = \begin{bmatrix} x_i \\ y_i \end{bmatrix} + \begin{bmatrix} \cos\theta_i \\ \sin\theta_i \end{bmatrix} s \tag{3.75}$$

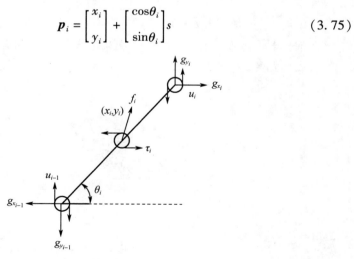

图 3.8　第 i 个连杆简图

对时间求导可得到相对参考系 Oxy 的速度为

$$\dot{\boldsymbol{p}}_i = \begin{bmatrix} \dot{x}_i \\ \dot{y}_i \end{bmatrix} + \begin{bmatrix} -\sin\theta_i \\ \cos\theta_i \end{bmatrix} s\, \dot{\theta}_i \tag{3.76}$$

将速度向法向和切向投影可以得到

$$\begin{bmatrix} v_{t,i} \\ v_{n,i} \end{bmatrix} = \begin{bmatrix} \cos\theta_i & \sin\theta_i \\ -\sin\theta_i & \cos\theta_i \end{bmatrix} \begin{bmatrix} \dot{x}_i \\ \dot{y}_i \end{bmatrix} + \begin{bmatrix} 0 \\ s\,\dot{\theta}_i \end{bmatrix} \tag{3.77}$$

设摩擦力的模型为

$$\begin{bmatrix} \mathrm{d}f_{t,i} \\ \mathrm{d}f_{n,i} \end{bmatrix} = -\begin{bmatrix} c_{t,i} & 0 \\ 0 & c_{n,i} \end{bmatrix} \begin{bmatrix} v_{t,i} \\ v_{n,i} \end{bmatrix} \mathrm{d}m_i \tag{3.78}$$

式中：$c_{t,i}$ 和 $c_{n,i}$ 分别为切向和法向的动摩擦系数；$\mathrm{d}m_i$ 为 $\mathrm{d}s$ 的质量。

将摩擦力投影在 x 轴和 y 轴上，有

$$\begin{bmatrix} \mathrm{d}f_{x,i} \\ \mathrm{d}f_{y,i} \end{bmatrix} = \begin{bmatrix} \cos\theta_i & \sin\theta_i \\ -\sin\theta_i & \cos\theta_i \end{bmatrix} \begin{bmatrix} \mathrm{d}f_{t,i} \\ \mathrm{d}f_{n,i} \end{bmatrix} \tag{3.79}$$

对式(3.79)积分可得

$$\begin{bmatrix} f_{x,i} \\ f_{y,i} \end{bmatrix} = -m_i \begin{bmatrix} \cos\theta_i & \sin\theta_i \\ -\sin\theta_i & \cos\theta_i \end{bmatrix} \begin{bmatrix} c_{t,i} & 0 \\ 0 & c_{n,i} \end{bmatrix} \begin{bmatrix} \cos\theta_i & \sin\theta_i \\ -\sin\theta_i & \cos\theta_i \end{bmatrix} \begin{bmatrix} \dot{x}_i \\ \dot{y}_i \end{bmatrix} \tag{3.80}$$

根据式(3.80)可得到摩擦力产生的扭矩为

$$\tau_i = \int s\,\mathrm{d}f_i^n = -\frac{m_i l_i^2}{3} c_{n,i}\,\dot{\theta}_i = -c_{n,i} J_i\,\dot{\theta}_i \tag{3.81}$$

将蛇形机器人每个关节的摩擦力和力矩写成整体形式，即

$$\boldsymbol{f} = -\boldsymbol{\Omega}_\theta \boldsymbol{D}_f \boldsymbol{\Omega}_\theta^{\mathrm{T}} \dot{\boldsymbol{z}} \tag{3.82}$$

$$\boldsymbol{\tau} = -\boldsymbol{D}_\tau \dot{\boldsymbol{\theta}} \tag{3.83}$$

式中：$\boldsymbol{f} = \begin{bmatrix} f_{x,1} & f_{y,1} & \cdots & f_{x,n} & f_{y,n} \end{bmatrix}^{\mathrm{T}}$；$\boldsymbol{z} = \begin{bmatrix} x_1 & y_1 & \cdots & x_n & y_n \end{bmatrix}^{\mathrm{T}}$；$\boldsymbol{\Omega}_\theta = \begin{bmatrix} \boldsymbol{C}_\theta & -\boldsymbol{S}_\theta \\ \boldsymbol{S}_\theta & \boldsymbol{C}_\theta \end{bmatrix}$；$\boldsymbol{D}_f = \begin{bmatrix} \boldsymbol{C}_t \boldsymbol{M} & 0 \\ 0 & \boldsymbol{C}_n \boldsymbol{M} \end{bmatrix}$；$\boldsymbol{M} = \mathrm{diag}(m_1, \cdots, m_n)$；$\boldsymbol{C}_t = \mathrm{diag}(c_{t,1}, \cdots, c_{t,n})$；$\boldsymbol{C}_n = \mathrm{diag}(c_{n,1}, \cdots, c_{n,n})$；$\boldsymbol{\tau} = \mathrm{diag}(\tau_1, \cdots, \tau_n)$；$\boldsymbol{D}_\tau = \boldsymbol{C}_n \boldsymbol{J}$；$\boldsymbol{J} = \mathrm{diag}(J_1, \cdots, J_n)$。

将蛇形机器人看作整体，根据牛顿定律，建立其运动方程为

$$\boldsymbol{M}\ddot{\boldsymbol{x}} = \boldsymbol{f}_x + \boldsymbol{D}^{\mathrm{T}} \boldsymbol{g}_x \tag{3.84}$$

$$\boldsymbol{M}\dot{\boldsymbol{y}} = \boldsymbol{f}_y + \boldsymbol{D}^{\mathrm{T}} \boldsymbol{g}_y \tag{3.85}$$

式中：$\boldsymbol{M} = \begin{bmatrix} m_1 & \cdots & m_n \end{bmatrix}^{\mathrm{T}}$；$\ddot{\boldsymbol{x}} = \begin{bmatrix} \ddot{x}_1 & \cdots & \ddot{x}_n \end{bmatrix}^{\mathrm{T}}$；$\ddot{\boldsymbol{y}} = \begin{bmatrix} \ddot{y}_1 & \cdots & \ddot{y}_n \end{bmatrix}^{\mathrm{T}}$；$\boldsymbol{f}_x = \begin{bmatrix} f_{x_1} & \cdots & f_{x_n} \end{bmatrix}^{\mathrm{T}}$；$\boldsymbol{f}_y = \begin{bmatrix} f_{y_1} & \cdots & f_{y_n} \end{bmatrix}^{\mathrm{T}}$；$\boldsymbol{D} = \begin{bmatrix} 1 & -1 & 0 & 0 \\ 0 & \ddots & \ddots & 0 \\ 0 & 0 & 1 & -1 \end{bmatrix}_{n\times(n-1)}$；$\boldsymbol{g}_x = $

55

$\begin{bmatrix} g_{x,1} & \cdots & g_{x,n} \end{bmatrix}^\mathrm{T}; \boldsymbol{g}_y = \begin{bmatrix} g_{y,1} & \cdots & g_{y,n} \end{bmatrix}^\mathrm{T}$。

力矩方程为

$$\boldsymbol{J} \ddot{\boldsymbol{\theta}} = \boldsymbol{\tau} - \boldsymbol{S}_\theta \boldsymbol{L} \boldsymbol{A}^\mathrm{T} \boldsymbol{g}_x + \boldsymbol{C}_\theta \boldsymbol{L} \boldsymbol{A}^\mathrm{T} \boldsymbol{g}_y + \boldsymbol{D}^\mathrm{T} \boldsymbol{u} \tag{3.86}$$

式中：$\boldsymbol{S}_\theta = \mathrm{diag}(\sin\theta_1, \cdots, \sin\theta_n)$；$\boldsymbol{C}_\theta = \mathrm{diag}(\cos\theta_1, \cdots, \cos\theta_n)$；$\boldsymbol{L} = \mathrm{diag}(l_1, \cdots, l_n)$；

$\boldsymbol{A} = \begin{bmatrix} 1 & 1 & 0 & 0 \\ 0 & \ddots & \ddots & 0 \\ 0 & 0 & 1 & 1 \end{bmatrix}_{n \times (n-1)}$；$\boldsymbol{u} = \mathrm{diag}(u_1, \cdots, u_n)$，为控制信号。

由于平面运动 n 个关节的蛇形机器人具有 $n+2$ 个自由度和 $3n$ 个变量(x, y, θ)，因此，需要建立关于 θ 的方程，即

$$\begin{bmatrix} \omega_x \\ \omega_y \end{bmatrix} = \frac{1}{m} \begin{bmatrix} \boldsymbol{e}^\mathrm{T} \boldsymbol{M} \boldsymbol{x} \\ \boldsymbol{e}^\mathrm{T} \boldsymbol{M} \boldsymbol{y} \end{bmatrix} \tag{3.87}$$

式中：$\boldsymbol{e} = \begin{bmatrix} 1 & \cdots & 1 \end{bmatrix}_{1 \times n}$。由约束力条件可知

$$\boldsymbol{D} \boldsymbol{x} + \boldsymbol{A} \boldsymbol{L} \boldsymbol{C}_\theta = 0 \tag{3.88}$$

$$\boldsymbol{D} \boldsymbol{y} + \boldsymbol{A} \boldsymbol{L} \boldsymbol{S}_\theta = 0 \tag{3.89}$$

根据式(3.88)和式(3.89)可得到

$$\boldsymbol{T} \boldsymbol{x} = \begin{bmatrix} -\boldsymbol{A} \boldsymbol{L} \boldsymbol{C}_\theta \\ \omega_x \end{bmatrix} \tag{3.90}$$

$$\boldsymbol{T} \boldsymbol{y} = \begin{bmatrix} -\boldsymbol{A} \boldsymbol{L} \boldsymbol{S}_\theta \\ \omega_y \end{bmatrix} \tag{3.91}$$

式中：$\boldsymbol{T} = \begin{bmatrix} \boldsymbol{D} & \dfrac{\boldsymbol{e}^\mathrm{T} \boldsymbol{M}}{m} \end{bmatrix}^\mathrm{T}$；$\boldsymbol{e} = \begin{bmatrix} 1 & \cdots & 1 \end{bmatrix}^\mathrm{T}$。对式(3.88)和式(3.90)求二阶导数得

$$\boldsymbol{D} \ddot{\boldsymbol{x}} = \boldsymbol{A} \boldsymbol{L} (\boldsymbol{C}_\theta \dot{\boldsymbol{\theta}}^2 + \boldsymbol{S}_\theta \ddot{\boldsymbol{\theta}}) \tag{3.92}$$

$$\boldsymbol{D} \ddot{\boldsymbol{y}} = \boldsymbol{A} \boldsymbol{L} (\boldsymbol{S}_\theta \dot{\boldsymbol{\theta}}^2 - \boldsymbol{C}_\theta \ddot{\boldsymbol{\theta}}) \tag{3.93}$$

对式(3.88)至式(3.93)进行求解，将速度方程写为

$$\dot{\boldsymbol{z}} = \mathcal{L} \dot{\boldsymbol{\theta}} + \mathcal{E} \dot{\boldsymbol{\omega}} \tag{3.94}$$

式中：$\mathcal{L} = \begin{bmatrix} -\boldsymbol{S}_\theta \boldsymbol{N}^\mathrm{T} & -\boldsymbol{C}_\theta \boldsymbol{N}^\mathrm{T} \end{bmatrix}^\mathrm{T}$；$\mathcal{E} = \begin{bmatrix} \boldsymbol{e} & 0 \\ 0 & \boldsymbol{e} \end{bmatrix}$。

通过对上面的分析，存在式(3.95)关系，即

$$\boldsymbol{T}^{-1} = \begin{bmatrix} \boldsymbol{M}^{-1} \boldsymbol{D}^\mathrm{T} (\boldsymbol{D} \boldsymbol{M}^{-1} \boldsymbol{D}^\mathrm{T}) & \boldsymbol{e} \end{bmatrix} \tag{3.95}$$

对式(3.84)和式(3.85)分解为速度和约束力两部分，并将左右两边左乘 $\boldsymbol{T} \boldsymbol{M}^{-1}$，得到

$$T\ddot{x} = \begin{bmatrix} D\ddot{x} \\ \dot{\omega} \end{bmatrix} = \begin{bmatrix} DM^{-1}f_x + DM^{-1}D'g_x \\ \dfrac{e'f_x}{m} \end{bmatrix} \tag{3.96}$$

对式(3.96)求解得到

$$g_x = (DM^{-1}D^{\mathrm{T}})^{-1}(AL(C_\theta \dot{\theta}^2 + S_\theta \ddot{\theta}) - DM^{-1}f_x) \tag{3.97}$$

$$g_y = (DM^{-1}D^{\mathrm{T}})^{-1}(AL(S_\theta \dot{\theta}^2 - C_\theta \ddot{\theta}) - DM^{-1}f_y) \tag{3.98}$$

将式(3.97)和式(3.98)代入到式(3.96),可得

$$\mathcal{J}\ddot{\theta} + \mathcal{C}\dot{\theta}^2 = D^{\mathrm{T}}u + \tau + \mathcal{L}^{\mathrm{T}}f \tag{3.99}$$

$$m\ddot{\omega} = \mathcal{E}^{\mathrm{T}}f \tag{3.100}$$

将式(3.94)和式(3.95)整理,得

$$\begin{bmatrix} \mathcal{J} & 0 \\ 0 & m\mathbf{I} \end{bmatrix}\begin{bmatrix} \ddot{\theta} \\ \ddot{\omega} \end{bmatrix} + \begin{bmatrix} \mathcal{C}\dot{\theta}^2 \\ 0 \end{bmatrix} + \begin{bmatrix} \mathcal{R} & \mathcal{S} \\ \mathcal{S}^{\mathrm{T}} & \mathcal{Q} \end{bmatrix}\begin{bmatrix} \dot{\theta} \\ \dot{\omega} \end{bmatrix} = \begin{bmatrix} D^{\mathrm{T}} \\ 0 \end{bmatrix}u \tag{3.101}$$

式中:$\begin{bmatrix} \mathcal{R} & \mathcal{S} \\ \mathcal{S}^{\mathrm{T}} & \mathcal{Q} \end{bmatrix} = \begin{bmatrix} D_\tau & 0 \\ 0 & 0 \end{bmatrix} + \begin{bmatrix} \mathcal{L}^{\mathrm{T}} \\ \mathcal{E}^{\mathrm{T}} \end{bmatrix}\Omega_\theta D_f \Omega_\theta^{\mathrm{T}}[\mathcal{L} \quad \mathcal{E}]\begin{bmatrix} \ddot{\theta} \\ \ddot{\omega} \end{bmatrix}$。

为研究方便,定义$\mathcal{C} = S_\theta H C_\theta - C_\theta H S_\theta$、$\mathcal{J} = J + S_\theta H S_\theta + C_\theta H C_\theta$,并存在以下性质,即

$$\mathcal{C} + \mathcal{C}^{\mathrm{T}} = 0 \tag{3.102}$$

$$\dot{\mathcal{J}} = \mathcal{C}\dot{\Theta} - \dot{\Theta}\mathcal{C} \tag{3.103}$$

为研究需要定义变量为

$$\begin{bmatrix} \dot{\phi} \\ \dot{\psi} \end{bmatrix} = \begin{bmatrix} D \\ e^{\mathrm{T}}\mathcal{J} \end{bmatrix}\dot{\theta} \tag{3.104}$$

式中:ψ 为平均角动量。对式(3.97)求解得到

$$\dot{\theta} = \mathcal{K}\dot{\phi} + e_\rho \dot{\psi} \tag{3.105}$$

式中:$\mathcal{K} = \mathcal{J}^{-1}D^{\mathrm{T}}\mathcal{B}^{-1}$,$\mathcal{B} = D\mathcal{J}^{-1}D^{\mathrm{T}}$,$e_\rho = \rho_e$,$\rho = \dfrac{1}{e^{\mathrm{T}}\mathcal{J}e}$。对式(3.105)求一阶导数:

$$\begin{bmatrix} \ddot{\phi} \\ \ddot{\psi} \end{bmatrix} = \begin{bmatrix} D\ddot{\theta} \\ e^{\mathrm{T}}\dfrac{\mathrm{d}}{\mathrm{d}t}(\mathcal{J}\dot{\theta}) \end{bmatrix} = \begin{bmatrix} D\ddot{\theta} \\ e^{\mathrm{T}}(\mathcal{J}\ddot{\theta} + \mathcal{C}\dot{\theta}^2) \end{bmatrix} \tag{3.106}$$

由于$\mathcal{C}$是对称矩阵,存在以下性质,即

$$e^{\mathrm{T}} \dot{\boldsymbol{\Theta}} C \dot{\boldsymbol{\theta}} = \dot{\boldsymbol{\theta}}^{\mathrm{T}} c \dot{\boldsymbol{\theta}} = 0 \qquad (3.107)$$

为研究方便,令 $e^{\mathrm{T}} \boldsymbol{D}^{\mathrm{T}} = 0$,式(3.94)和式(3.95)可整理为

$$\begin{bmatrix} \boldsymbol{D} \, \boldsymbol{J}^{-1} \\ e^{\mathrm{T}} \end{bmatrix} (\boldsymbol{J} \ddot{\boldsymbol{\theta}} + c \dot{\boldsymbol{\theta}}^2 - \tau - \mathcal{L}^{\mathrm{T}} \boldsymbol{f} - \boldsymbol{D}^{\mathrm{T}} u) = 0 \qquad (3.108)$$

或者等效方程为

$$\ddot{\boldsymbol{\phi}} + \boldsymbol{D} \, \boldsymbol{J}^{-1} (C \dot{\boldsymbol{\theta}}^2 - \tau - \mathcal{L}^{\mathrm{T}} \boldsymbol{f}) = \mathcal{B} u \qquad (3.109)$$

$$\ddot{\boldsymbol{\psi}} = e'(\tau + \mathcal{L}^{\mathrm{T}} \boldsymbol{f}) \qquad (3.110)$$

根据式(3.82)至式(3.84),可得到解耦控制方程为

$$\begin{bmatrix} \boldsymbol{\rho} & 0 \\ 0 & m\boldsymbol{I} \end{bmatrix} \begin{bmatrix} \ddot{\boldsymbol{\psi}} \\ \ddot{\boldsymbol{\omega}} \end{bmatrix} + \begin{bmatrix} e_{\rho} \mathcal{R} e_{\rho} & e_{\rho}^{\mathrm{T}} \mathcal{S} \\ \mathcal{S}^{\mathrm{T}} e_{\rho} & \mathcal{Q} \end{bmatrix} \begin{bmatrix} \dot{\boldsymbol{\psi}} \\ \dot{\boldsymbol{\omega}} \end{bmatrix} + \begin{bmatrix} e_{\rho}^{\mathrm{T}} \mathcal{R} \\ \mathcal{S}^{\mathrm{T}} \end{bmatrix} \boldsymbol{K} \dot{\boldsymbol{\varphi}} = 0 \qquad (3.111)$$

$$\ddot{\boldsymbol{\phi}} + \boldsymbol{D} \, \boldsymbol{J}^{-1} (C \dot{\boldsymbol{\theta}}^2 + \mathcal{R} \dot{\boldsymbol{\theta}} + \mathcal{S} \dot{\boldsymbol{\omega}}) = \mathcal{B} u \qquad (3.112)$$

分析式(3.111)和式(3.112)可知,通过对蛇形机器人各关节输入控制力 u,可得到相对转角 ϕ,相对转角 ϕ 决定惯性量 ψ 和 ω。

3.4.2 基于 CPG 理论的运动控制方法

研究的搜救机器人除了具有蜿蜒、蠕动、翻滚、匍匐、侧移等多种运动步态,还具有其他搜救机器人所不具备的功能,即分体和变形两种功能。

1. 神经元控制系统

经过分析可知,分体运动的控制信号实为即时性信号,可利用阶跃信号实现。由于舵机自身存在一定的抖动现象,即时控制系统提供了准确的舵机控制信号,但仍然不能使分体结构完全实现分离,因此,输出信号可设计为一个具有跳跃特性的脉冲信号。对于变形运动的控制信号,不仅是一个连续的信号,还需满足舵机输出角度的控制要求。在综合分体和变形特点的基础上,研究了基于神经元控制理论中枢神经发生器,该发生器具有输出稳定、可靠性高的特点。

在机器人研究领域里,运动控制始终成为一个关键问题,也是一个核心问题。为解决机器人控制的准确性,提高机器人运动的高仿生效果,机器人研究者们不但提出了基于运动学和动力学模型的控制方法,而且结合神经控制方法,设计了中枢模式发生器(简称 CPG),避免了运动学、动力学模型的复杂性问题,为实现步态控制开辟了新路径。

神经元理论是 CPG 控制器的设计基础,通过振荡器产生运动控制信号。目前,最为广泛的神经元模型是 1984 年由 Mastuoka 提出的具有适应性的抑制型神经元模型(也称 M – 模型),该模型更符合神经生理学思想,较完善地体现了动物的神经控制方法,随后,国内外机器人研究者们大都在此基础上进行控制方法的研究。

根据神经生理学理论,神经元在不受外界激励时,或者在外界激励小于其抗激励的阈值时,其对外界无电荷输出现象。当神经元由于所受外界激励而超过阈值,并引起电荷输出时,神经元会由于自身的输出产生抑制激励的效果。根据神经元独特的运动机理,可设计出神经元控制系统,而且该控制系统在薄膜潜能的不断累积下,能够释放出高于薄膜潜能几倍的输出。

借鉴 Mastuoka 提出的神经元动力学模型,神经元控制器动力学模型为

$$\tau \dot{x} + x = cu - bx' \tag{3.113}$$

$$T \dot{x}' + x' = y \tag{3.114}$$

$$y = kg(x - \theta) \tag{3.115}$$

$$g(x) = \max(0, x) \tag{3.116}$$

式中:τ 为神经元薄膜潜能时间常量;T 为神经元薄膜调整时间常数;u 为外界输入激励;b 为稳定状态激活率;c 为外界输出激励的权重系数;x 为神经元的薄膜潜能;x' 为神经元内部的调整信号;y 为神经元输出信号;k 为神经元输出的调整系数;θ 为神经元调节阈值。

根据式(3.113)至式(3.116),神经元控制系统主要由两个微分方程和一个分段函数组成,可画出神经元系统框图,如图3.9所示。从图中可以明显看出,神经元为输出反馈系统。神经元输出信号 y 始终为非负数,并且是 k 倍的神经元所积累的薄膜潜能信号,k 决定着不同神经元所能够释放能量的大小。神经元对外界产生输出时,同时对自己产生抑制信号,直到神经元内部的薄膜潜能与外界的输入激励信号大小相等时,神经元将不会产生输出信号。

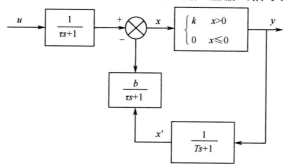

图3.9 神经元系统框图

根据上面的分析,当 $x<0$ 时,系统闭合环路的前向通道为零,系统没有输出;当 $x>0$ 时,系统闭合环路的前向通道为 k,可得到系统的传递函数为

$$G(s) = \frac{\dfrac{k}{\tau}\left(s + \dfrac{1}{T}\right)}{s^2 + \dfrac{T + \tau}{T\tau}s + \dfrac{kb + 1}{T\tau}} \tag{3.117}$$

通常情况下，系统参数 T、τ、b、k 为正数，所以系统为稳定的二阶系统。系统的固有频率 ω_n、阻尼系数 ξ、系统比例系数 K 为

$$\omega_n = \sqrt{\frac{kb+1}{T\tau}} \tag{3.118}$$

$$\xi = \frac{T+\tau}{2\sqrt{T\tau(1+kb)}} \tag{3.119}$$

$$K = \frac{k}{\tau} \tag{3.120}$$

由式(3.118)和式(3.119)可知，当薄膜调整时间常数 T 或薄膜潜能时间常量 τ 增大时，系统固有频率变小，阻尼系数变大；否则相反。由式(3.120)可知，系统比例系数与 τ、调整系数 k 有关，当 τ 增大或 k 减小时，K 变小；否则相反。神经元控制系统的输出信号如图3.10所示。

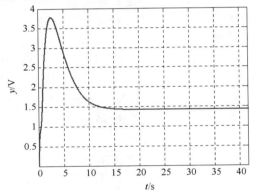

图3.10 神经元控制系统的输出信号

为保证神经元输出信号具有一个非振荡的过程，所以，该系统应为过阻尼过程，即 $\xi > 1$，以下关系式存在，即

$$(T-\tau)^2 \geqslant 4T\tau kb \tag{3.121}$$

式(3.121)提供了神经元控制系统的参数满足条件，将其作以下变形，即

$$\frac{(T-\tau)^2}{4T\tau} \geqslant kb \tag{3.122}$$

对式(3.122)不等号两边的表达式作以下定义，$z_1 = \dfrac{(T-\tau)^2}{4T\tau}$，$z_2 = kb$。$z_1$ 是 T 和 τ 的函数，在 T 和 τ 取值不同时可画出 z_1 曲线。为分析方便，将 kb 看作整体，可画出 z_2 曲线，进而可以得到参数设计曲线，如图3.11所示。

在图3.11中，实线为 z_1 曲线，表示在 τ 取值不同时 z_1 随 T 变化的过程；水平的虚线为 z_2 在 kb 取值不同时的曲线。z_1 与 z_2 的交点为神经元控制器的参数

设计的临界取值,在选定 T、τ 和 kb 中某一个参数时,可以结合图 3.11 所示,确定其他参数的取值,而此时取值为极限值。根据式(3.118)至式(3.121),在参数取值处于边界时,k 和 b 需要反比例取值。

另外,从图 3.11 中可以明显看到,为满足式(3.122)不等关系,在 T 或 τ 取值很小时,kb 取值可以达到很大,此时可根据系统需要进行取值。表 3-1 仅列出了 $\tau > 0.1$ 时各参数的部分取值情况,在控制系统参数设计时可以参考。

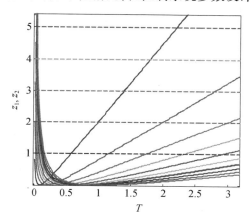

图 3.11　参数设计曲线

表 3-1　参数取值下限表

T		τ					
		0.1	2	4	6	8	10
(kb)	1	6	12	30	35	47	59
	2	10	20	40	60	80	99
	4	18	36	90	108	144	180
	6	26	52	104	156	208	260
	8	34	68	136	204	272	340
	10	42	84	168	252	336	420

2. 基于循环抑制神经元 CPG 的多步态控制方法

对于蜿蜒、蠕动、翻滚、侧移等多种运动步态,在控制方面,具有周期性交替变化的特点,所以采用基于 CPG 理论设计的控制器,能够满足机器人此类步态的控制需要。同样,借鉴 Mastuoka 提出的神经元动力学模型,循环抑制神经元 CPG 的动力学模型为[6]

$$T_r \dot{u}_i^{\{e,f,m\}} = -u_i^{\{e,f,m\}} + \omega_i^{\{m,e,f\}} y_i^{\{m,e,f\}} - \beta v_i^{\{e,f,m\}} + u_0^{\{m,e,f\}} + \sum_{j=0}^{i} \omega_{i,j} y_i^{\{e,f\}}$$

$$(3.123)$$

61

$$T_a \dot{v}_i^{\{e,f\}} = v_i^{\{e,f,m\}} + y_i^{\{m,e,f\}} \qquad (3.124)$$

$$y_i^{\{e,f\}} = \max(u_i^{\{e,f,m\}}, 0) \qquad (3.125)$$

$$y_i = -y_i^{\{e\}} + y_i^{\{f\}} \qquad (3.126)$$

式中:$u_i^{\{e,f,m\}}$ 为第 i 个 CPG 的伸肌神经元、屈肌神经元和中间神经元的薄膜潜能;$v_i^{\{e,f,m\}}$、$u_i^{\{e,f\}}$ 为第 i 个 CPG 的伸肌神经元、屈肌神经元和中间神经元的调整程度;$y_i^{\{e,f,m\}}$ 为第 i 个 CPG 的伸肌神经元、屈肌神经元和中间神经元的输出;$u_0^{\{m,e,f\}}$ 为来自第 i 个 CPG 的伸肌神经元、屈肌神经元和中间神经元的激励;$\omega_i^{\{m,e,f\}}$ 为第 i 个 CPG 的伸肌神经元、屈肌神经元和中间神经元的连接权重;β 为自约束程度对内部状态影响常数;T_r 为薄膜调整时间常数;T_a 为调整程度时间常数;$\omega_{i,j}$ 为第 i 个 CPG 与第 j 个 CPG 之间的连接权重;y_i 为第 i 个神经元输出信号。

循环机制:第一个 CPG 单元采用自激励反馈,权重为 $\omega_{0,0}$,相同神经元对应单向激励连接,权重 $\omega_{i,j} = \omega_0$,非同层神经元之间没有连接,CPG 之间按照由首至尾依次传播,每个 CPG 由于循环抑制而产生振荡。循环抑制 CPG 控制器保持稳定节律的条件为

$$\frac{\omega_i^{\{e\}}}{1+\beta} \geq \frac{u_{0,i}^{\{m\}} - \sum\limits_{j=0}^{i} \omega_{i,j} y_j^{\{m\}}}{u_{0,i}^{\{e\}} - \sum\limits_{j=0}^{i} \omega_{i,j} y_j^{\{e\}}} \qquad (3.127)$$

$$\omega_i^{\{e\}} \geq 1 + \frac{T_r}{T_a} \qquad (3.128)$$

$$\frac{\omega_i^{\{m\}}}{1+\beta} \geq \frac{u_{0,i}^{\{f\}} - \sum\limits_{j=0}^{i} \omega_{i,j} y_j^{\{f\}}}{u_{0,i}^{\{f\}} - \sum\limits_{j=0}^{i} \omega_{i,j} y_j^{\{f\}}} \qquad (3.129)$$

$$\omega_i^{\{m\}} \geq 1 + \frac{T_r}{T_a} \qquad (3.130)$$

$$\frac{\omega_i^{\{f\}}}{1+\beta} \geq \frac{u_{0,i}^{\{e\}} - \sum\limits_{j=0}^{i} \omega_{i,j} y_j^{\{e\}}}{u_{0,i}^{\{f\}} - \sum\limits_{j=0}^{i} \omega_{i,j} y_j^{\{f\}}} \qquad (3.131)$$

$$\omega_i^{\{f\}} \geq 1 + \frac{T_r}{T_a} \qquad (3.132)$$

根据式(3.123)至式(3.126),采用 5 个神经元组成的循环抑制神经元 CPG 系统,如图 3.12 所示。

循环抑制神经元 CPG 机制:如果神经元 1 首先被激活,那么神经元 2 的活动将被抑制,这样神经元 3 就处于激活状态,而神经元 4 便处于被抑制状态,神经元 5 处于激活状态,其输出将抑制神经元 1 的活动,如此循环。这样,神经元激活状态的改变是由网络中环形负反馈引起的,而不是通过单个神经元的调整或衰退引起的。该网络要产生节律输出只需要强的循环抑制,而不需要神经元具有调整功能。

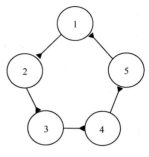

图 3.12 循环抑制 CPG

以单个神经元的输出作为相对转角的控制信号,能够实现对搜救机器人伺服电机的控制,控制信号和相对转角的关系为

$$\theta_i = w_1 y_i \tag{3.133}$$

$$\dot{\theta}_i = w_2 \dot{y}_i \tag{3.134}$$

$$\ddot{\theta}_i = w_3 \ddot{y}_i \tag{3.135}$$

式中:$i = 1, 2, 3, \cdots$ 为搜救机器人伺服电机的所控制的角度编号;w_1、w_2、w_3 为调节搜救机器人相对转角、角速度和角加速度输入控制的参数。

循环抑制神经元 CPG 可通过 5 个神经元输出 5 组等波幅、等相位的控制信号,如图 3.13 所示。

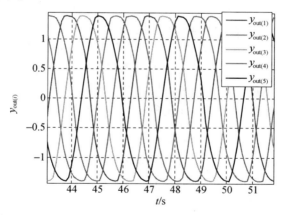

图 3.13 循环抑制神经元 CPG 输出

3.5 运动联合仿真技术

联合仿真技术为机电一体化技术的发展提供了一种新的思路。一般,传统的机电系统的搭建是相互独立的,需要分别建立一个独立的机械系统和控制系统,最后再进行联合试验,一旦出现问题既要对机械系统进行修改调试,也要对

控制系统修改调试,这种方法既延长了研发周期也降低了工作效率。然而,使用虚拟样机软件和控制系统软件进行联合仿真,可以共享同一个模型进行设计和实验,利用虚拟样机对机械系统反复地进行联合调试,直到达到最佳效果,这种通过两个软件建立的蛇形机器人联合仿真系统,既可以对蛇形机器人的运动学和动力学进行分析,又可以对蛇形机器人的控制系统进行调试,实现联合功能。联合仿真能有效提高蛇形机器人的运动性能,缩短样机的研发周期,降低样机研发成本,并且为实物样机的加工制造提供可靠的理论依据。

3.5.1 ADAMS 软件介绍

ADAMS(Automatic Dynamic Analysis of Mechanical Systems,机械系统动力学自动分析),虚拟样机分析软件是基于多体系统动力学的拉格朗日方程方法发展而来,它集建模、求解、可视化技术于一体,在产品设计制造领域得到了广泛使用。ADAMS 软件使用交互式图形环境和零件库、约束库、力库,创建完全参数化的机械系统几何模型,其求解器采用多刚体系统动力学理论中的拉格朗日方程方法,建立系统动力学方程,对虚拟机械系统进行静力学、运动学和动力学分析,输出位移、速度、加速度和反作用力曲线。ADAMS 软件仿真可用于预测机械系统的性能、运动范围、碰撞检测、峰值载荷以及计算有限元的输入载荷等。AD-AMS 一方面是虚拟样机分析的应用软件,用户可以运用该软件非常方便地对虚拟机械系统进行静力学、运动学和动力学分析;另一方面,它又是虚拟样机分析开发工具,其开放性的程序结构和多种接口,可以成为特殊行业用户进行特殊类型虚拟样机分析的二次开发工具平台。软件由基本模块、扩展模块、接口模块、专业领域模块及工具箱等模块组成,用户不仅可以采用通用模块对一般的机械系统进行仿真,而且可以采用专用模块针对特定工业应用领域的问题进行快速、有效的建模与仿真分析。ADAMS 建模求解的过程如图 3.14 所示[7]。

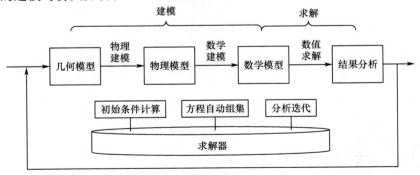

图 3.14　ADAMS 建模求解流程

从图 3.14 中可知,运动 ADAMS 解决运动学和动力学问题实际上包括两个方面,即建模和求解。建模包括物理建模和数学建模。物理建模时,主要是通过软件实现物体的结构设计,可以直接利用 ADAMS 软件实现物体的结构设计,也可利用常用的软件有 UG、Solidworks 等完成,但在导入到 ADAMS 之前,需要将文件格式设置为 . bin。数学建模时,由 ADAMS 采用程序化方法自动完成,然后,利用 ADAMS 内置的求解器完成数学模型的数值求解,而求解器的工作过程包括初始条件计算、方程自动组集、分析迭代等。一般步骤可总结为以下几步:

① 实际系统的简化及多体建模。

② 由软件自动生成系统动力学方程。

③ 求解动力学方程。

④ 后处理,保存图像或动画。

对实际机械系统进行合理简化和建模是关键一步,其余可凭借计算机独立完成。

3.5.2　Matlab/Simulink 软件介绍

Simulink 是一个动态系统建模、仿真和分析的软件包,它是一种基于 Matlab 的框图设计环境,支持线性系统和非线性系统,可以用连续采样时间、离散采样时间或两种混合的采样时间进行建模,它也支持多速率系统,也就是系统中的不同部分具有不同的采样速率。为了创建动态系统模型,Simulink 提供了一个建立模型框图的图形用户接口(GUD,这个创建过程只需要单击和拖动鼠标操作就能完成。通过这个接口,用户可以像用笔在草纸上绘制模型一样,只要构建出系统的框图即可,这与以前的仿真软件包要求解算微分方程和编写算法语言程序不同,它提供的是一种更快捷、更直接明了的方式,而且用户可以立即看到系统的仿真结果。

Simulink 中包括了许多实现不同功能的模块库,如 Sources(输入源模块库)、Sinks(输出模块库)、Mathoperations(数学模块库)以及线性模块和非线性模块等各种组件模块库。用户也可以自定义和创建自己的模块,利用这些模块,用户可以创建层次化的系统模型,可以自上而下或自下而上地阅读模型,也就是说,用户可以查看最顶层的系统,然后通过双击模块进入下层的子系统查看模型,这不仅方便了工程人员的设计,而且可以使自己的模型框图功能更清晰、结构更合理。创建了系统模型后,用户可以利用 Simulink 菜单或在 Matlab 命令窗口中以输入命令的方式选择不同的积分方法来仿真系统模型。对于交互式的仿真过程,使用菜单是非常方便的,但如果要运行大量的仿真,使用命令行方法则非常有效。此外,利用示波器模块或其他的显示模块,用户可以在仿真运行的同时观察仿真结果,而且还可以在仿真运行期间改变仿真参数,并同时观察改变后的仿真结果,最后的结果数据也可以输出到 Matlab 工作区进行后续处理,或利用命令在图形窗口中绘制仿真曲线。Simulink 中的模型分析工具包括线性化工具和调整工具,这可以从 Matlab 命令行获取。Matlab 及其工具箱内还有许多其他的适用于不同工程领域的分析工具,由于 Matlab 和 Simulink 是集成在一起的,因此任何时候用户都可以在这两个环境中仿真、分析和修改模型。

与其他仿真软件相比,Matlab/Simulink 具有以下特色[8]:

① 框图式建模。Simulink 提供了一个图形化的建模环境,通过用鼠标单击和拖拉操作即可进行框图式建模。

② 采用模块组合的方法来创建动态系统的计算机模型,对于比较复杂的非线性系统,效果更为明显。

③ 支持混合系统仿真。即系统中包含连续采样时间和离散采样时间。

④ 支持多速率系统仿真。即系统中存在以不同速率运行的组件。

⑤ 支持混合编程。Simulink 提供了一种函数规则——S 函数,S 函数可以是一个 M 文件、C 语言程序或者其他高级语言程序,程序自由度大,可移植性好。

⑥ 良好的开放性。允许用户定制自己的模块和模块库。

Matlab 与 Simulink 集成在一起,无论何时在任何环境下都可以进行系统的建模、分析和仿真。

3.5.3 虚拟样机动力学与控制集成仿真系统

虚拟样机动力学与控制集成仿真系统是通过 ADAMS 和 Matlab 联合仿真,由仿真分析软件 ADAMS 提供虚拟样机的三维模型、运动学模型和动力学模型控制软件 Matlab 提供控制目标轨迹、控制算法,通过二者之间的数据接口,Matlab 将样机的力矩控制指令送给 ADAMS,后者将样机关节角反馈给前者形成完整的闭环控制系统,ADAMS 和 Matlab 联合仿真原理如图 3.15 所示。

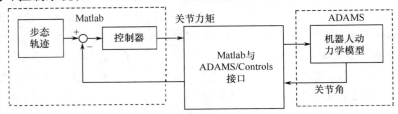

图 3.15　ADAMS 与 Matlab 联合仿真原理框图

虚拟样机经过 ADAMS/Controls 模块转化成 Simulink 里的模型模块,默认有 3 个模块,包括线性模块、非线性模块和完整动力学方程模块,如图 3.16 所示。

ADAMS 和 Matlab 联合仿真主要依赖于 Matlab 计算引擎与 ADAMS/Solver 的联合,二者求解器并不相同,需单独设置求解器。对联合仿真的操作主要由 Simulink 交互式图形化环境来实现,如仿真启停,联合仿真步长及仿真时间由 Simulink 设置,仿真实时曲线显示通过 Simulink 示波器模块来完成。

利用虚拟样机的控制模块可以将主程序模块与其他控制分析软件有机地结

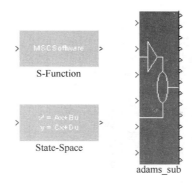

图 3.16　虚拟样机在 Simulink 里的模型模块

合起来,并将控制参数引入到机械系统中,借助控制模块的软件接口,实现两个软件之间的数据通信,达到联合仿真的效果。

1. 构造机械系统样机模型

使用虚拟样机软件和控制系统软件对蛇形机器人进行联合仿真时,首先应该构造蛇形机器人机械系统样机模型,并且机器人样机的机械模型中应包括样机的几何构型、部件之间的约束关系及作用力等。

2. 确定模型的输入和输出

从图 3.17 中可以确定模型的输入和输出变量,这里输出变量是指蛇形机器人关节的角位移和角速度,同时也作为控制系统的输入变量,然而输入变量是指蛇形机器人的关节驱动力矩,同时也作为控制系统的输出变量。通过定义的输入和输出变量,形成一个封闭的回路系统。模型的输入量与输出量是在虚拟样机的控制模块中定义的,首先必须启动控制模块,然后设置变量参数,通过控制命令验证输入量与输出量是否能正常显示。

图 3.17　输入和输出变量

3. 构造控制系统框图

利用控制系统软件设计并搭建蛇形机器人控制系统框图,框图中包含机械系统样机的一个模块,如图 3.18 所示,图中以正弦信号为测试信号,研究了蛇形机器人系统的跟踪特性。控制方法主要采用的是 PID 算法对关节的角度偏差进行修正,由于控制系统的输入量有 5 个,输出量有 10 个,所以添加了 5 个正弦波测试信号。图 3.19 所示为子系统模块,输入变量与输出变量个数与主系统模块相同。

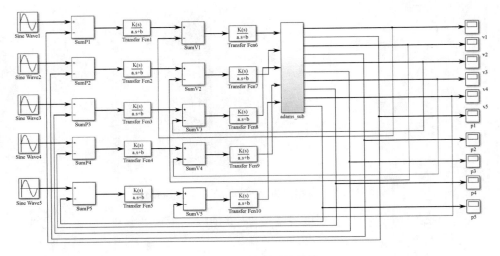

图 3.18　主控制系统模块

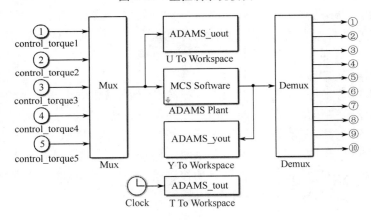

图 3.19　子控制系统模块

3.5.4　蛇形机器人多运动步态仿真

为实现蛇形机器人三维运动能力,相邻两个关节的转向为正交,即水平旋转和铅垂旋转交替变化,设机器人躯干总关节数 $n=10$。根据前面的理论,对蜿蜒、蠕动、翻滚、侧移、变形及匍匐等运动进行仿真。

(1) 蜿蜒。水平转角 $\theta_{\{h\}i}=\alpha\sin(\pi t+\beta_i)$,其中 $i=1,2,3,\cdots$,为各个关节序号。$\alpha=30°$,$\beta_1=\pi/2$,$\beta_2=5\pi/6$,$\beta_3=7\pi/6$,$\beta_4=3\pi/2$,$\beta_5=11\pi/6$。此运动中无铅垂转角,即 $\theta_{\{v\}i}=0°$。由于采用了从动轮,能够满足蜿蜒过程中法向摩擦力大于切向摩擦力的条件,因此,在此转角控制中,可实现蜿蜒前行,具体如图 3.20 所示。

当蛇形机器人发生转弯时,水平转角为 $\theta_{\{h\}i}=\alpha\sin(\pi t+\beta_i)+\chi$,$\alpha=30°$,

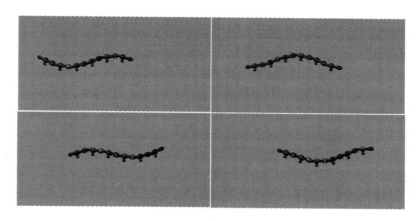

图 3.20 蜿蜒运动仿真

$\beta_1 = 0, \beta_2 = \pi/2, \beta_3 = 5\pi/6, \beta_4 = 7\pi/6, \beta_5 = 3\pi/2, \beta_6 = 11\pi/6, \chi = 10°$。由于 χ 为正值,蛇形机器人进行右转蜿蜒运动,具体如图 3.21 所示。当 χ 为负值时,蛇形机器人发生左转的蜿蜒运动。

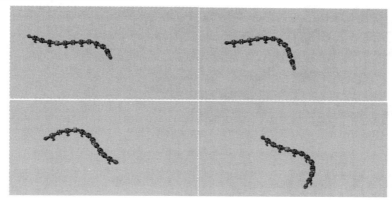

图 3.21 转弯运动仿真

（2）蠕动。该运动与蜿蜒相反,其铅垂转角 $\theta_{\{v\}i} = \alpha\sin(\pi t + \beta_i)$, $\alpha = 30°$, $\beta_1 = 0, \beta_2 = \pi/4, \beta_3 = \pi/2, \beta_4 = 3\pi/4, \beta_5 = \pi$,并且该过程无水平转角, $\theta_{\{h\}i} = 0°$, 即未对变形结果进行控制。蠕动运动的具体过程如图 3.22 所示。在仿真中,虽然轮子为从动轮,能够自由滑动,但由于蠕动过程中变形腿与地面产生周期性的接触,因此机器人能够实现前进,但运动效率很低。

（3）翻滚。该运动步态可用于地面崎岖的环境,并且当蛇形机器人侧向倾倒时,可通过该运动实现归位。转角控制如下:设在 t 时刻,初始姿态 $\theta_{\{h\}i} = 20°t$, $\theta_{\{v\}i} = 0°$,经过时间 Δt,此时,蛇形机器人在水平面形成 U 形; $t + \Delta t$ 时刻,令 $\theta_{\{h\}i} = 0°$, $\theta_{\{v\}i} = 20°(t + \Delta t)$;在经过时间 Δt,令 $\theta_{\{h\}i} = 20°(t + 2\Delta t)$, $\theta_{\{v\}i} = 0°$。如此连续控制,可实现蛇形机器人翻滚运动。具体过程如图 3.23 所示。

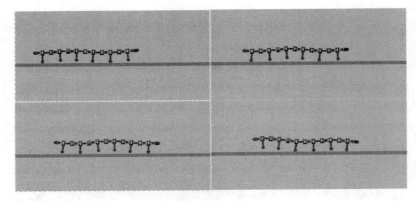

图 3.22　蠕动运动仿真

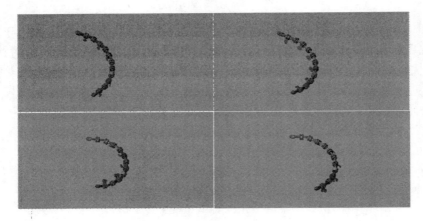

图 3.23　翻滚运动仿真

（4）匍匐。该步态通过利用变形结构实现机体爬行，适用于狭窄空间，其效率远高于蠕动步态。控制过程可分为躯干控制和变形腿控制两部分，图 3.24 给出了匍匐运动的角运动变化过程，其中，γ 为躯干角度，实线表示躯干上第 1、3、5 个绕水平轴转动的关节角度，虚线表示躯干上第 2、4 个绕水平轴转动关节角度，在本条件下，两种控制曲线变化过程相同，但具有 2s 中的时间延迟；φ 为变形腿角，实线代表第 1、3、5 个变形腿角度，虚线代表第 2、4 个变形腿角度，整个过程中二者始终为相反的。匍匐运动的具体过程如图 3.25 所示。

（5）侧移。仿真条件：水平面内的相对转角输入为：$\theta_{\{h\}i} = \alpha\sin(\pi t + \beta_i)$，$\alpha = 30°$，$\beta_1 = 0$，$\beta_2 = \pi/2$，$\beta_3 = 5\pi/6$，$\beta_4 = 7\pi/6$，$\beta_5 = 3\pi/2$，$\beta_6 = 11\pi/6$。铅垂面内的相对转角输入为：$\theta_{\{v\}i} = \alpha\sin(\pi t + \beta_i)$，$\alpha = 30°$，$\beta_1 = 0$，$\beta_2 = \pi/3$，$\beta_3 = 2\pi/3$，$\beta_4 = \pi$，$\beta_5 = 4\pi/3$。与蜿蜒运动相比，虽然水平面的相对转角相同，但由于在铅垂面内加入了相对转角，能够实现蛇形机器人的侧向移动，具体过程如图 3.26 所示。

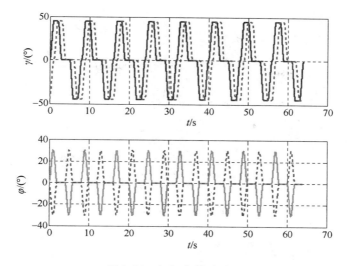

图 3.24　匍匐角运动过程

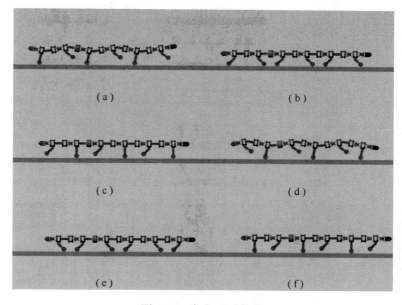

图 3.25　匍匐运动仿真

（6）分体仿真。当蛇形机器人需要分体时,通过控制分体关节,使其内部发生转动,轴销脱离套筒,如图 3.27 所示。随着蛇形机器人继续运动,分体关节的前后发生分离,实现机器人的分体,而分离后的两部分可分别运动,具体如图 3.28所示。

（7）变形仿真。搜救机器人腿部可进行 180°旋转,来改变机器人的高度,如图 3.29 所示。

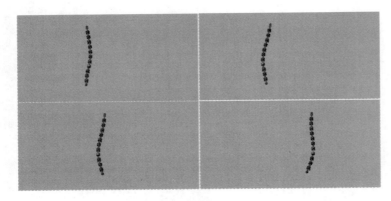

图 3.26　侧移运动仿真

图 3.27　分体关节

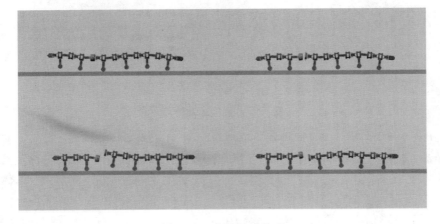

图 3.28　分体运动仿真

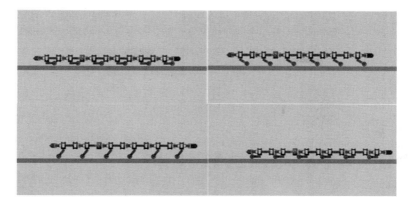

图 3.29 变形仿真

参 考 文 献

［1］ Hirose S. Biologically InspiredRobots（Snake – likeLocomotors and Manipulators）［M］. Oxford University Press，1993.

［2］ 陈维桓. 微分几何［M］. 北京：北京大学出版社，2006.

［3］ Gregory Chirikjian and Joel Burdick. A Modal Approach to Hyper – redundant Manipulator Kinematics［J］. IEEE Transactions on Robotics and Automation，1994，10（3）.

［4］ Yamada H，Hirose S. Study on the 3D Shape of Active Cord Mechanism［C］. Proceeding of the IEEE International Conference on Robotics and Automation，2006：2890 – 2895.

［5］ Saito M，Fukaya M，Iwasaki T. Serpentine Locomotion with Robotic Snakes［J］. IEEE Control Systems Magazine，2002.

［6］ 卢振利，马书根，李斌，等. 基于循环抑制 CPG 模型的蛇形机器人三维运动［J］. 自动化学报，2007，33（1）：54 – 58.

［7］ 宋宇. 车辆稳定性系统和四轮转向系统及其集成控制研究［D］. 合肥工业大学，2012.

［8］ 张志涌. 精通 MATLAB R2011a［M］. 北京：北京航空航天大学出版社，2011.

第4章
仿生蛇形机器人 SLAM 技术

　　危险场合是一个很重要的搜救机器人应用领域,它的应用范围可以涉及科学考察与探险、军事侦察扫雷、清扫核废料、矿井和地震搜救等。对这些场合的探测需要在地图构建的基础上才能够进行导航、路径规划、避障策略和其他相关操作。同时定位与地图创建(SLAM)是机器人在移动期间自动建立地图,并且基于地图预估自身位置,属于实现搜救机器人自主性所需要的关键技术,SLAM算法通用框架如图 4.1 所示。SLAM 中准确地创建环境地图需要精确定位,而精确的定位又依赖于准确的环境地图,二者是相互依赖、相辅相成的关系。

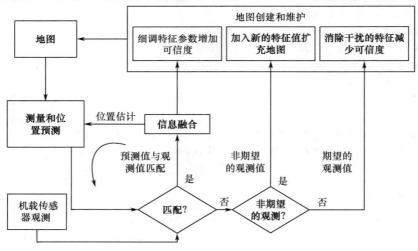

图 4.1　SLAM 算法的通用框架

SLAM 问题主要包括 4 个部分。

　　(1) 环境地图标示。用数学方法对环境按照一定方式进行描述。最常用到的环境描述方法有特征地图、拓扑地图、栅格地图及直接表征法。

　　(2) 环境感知。利用传感器测量技术,实现机器人的自我定位和环境探测,从而赋予其自主能力。根据传感器的功能和用途,可分为内部集成传感器和外部配备传感器。内部集成传感器主要用于辅助 SLAM 算法实现自我定位,如陀螺仪、加速度计和里程计等。外部配备传感器主要用于探测环境,如激光、超声波、摄像头、声呐、传感器等。

(3)环境信息中不确定信息处理。传感器对环境具有应用环境的要求,会因环境的变化、波动出现不确定性的测量误差。目前,对于此类问题的描述与处理办法,主要是利用概率度量和模糊度量的方法,为满足应用环境和系统性能指标的要求,所采用的方法种类多样。最为常见的误差模型如 Markov 模型、贝叶斯估计等。

(4)高可靠性、高稳定性。SLAM 应适用于不同应用环境,对于相同或具有相似特点的环境,针对 SLMA 问题提出的算法必须具有稳定、可靠的结果,以达到构建地图信息准确的目的。随着当今搜救机器人技术的崛起,面向具有非结构特征的灾害环境,对稳定、可靠的 SLAM 方法的研究提出了新要求。

SLAM 主要采用基于概率学方法的基于卡尔曼滤波的 SLAM 方法,如完整 SLAM 方法、压缩滤波以及基于粒子滤波的 FastSLAM。针对蛇形机器人的 SLAM 方法,选用合适的算法和传感器就对移动机器人的自主导航起着至关重要的作用。

蛇形机器人的 SLAM 问题更为复杂,机器人外形结构的变化对自身定位和地图的要求将更加苛刻,如何选用合适的传感器,在实时性和准确度高的同时,利用复杂度低的 SLAM 算法,构建更加精细化的地图信息,成为亟待解决的问题。针对本书介绍的具有变形功能的蛇形机器人,在其变形前后,传感器的位置变化的选择,会遇到其他类型机器人所未涉及的难题,如引起机器人定位精度下降、传感器信息采集的方向发生改变和信息密度的变化等。因而属于变结构载体的实现 SLAM 技术的新内容。

4.1 概述

移动机器人同时定位与地图创建(SLAM)问题起源于 1986 年美国加利福尼亚州举办的 IEEE Robotics and Automation Conference(ICRA)会议,其分别从真实环境的复杂性、地图更新及维护方便等方面考虑对外界环境的智能感知,很多研究者提出采用概率论来解决 SLAM 中的不确定性问题。会议讨论的重点是满足一致性的地图创建问题,众多研究者提出了宝贵的观点和建议。这次会议在移动机器人 SLAM 发展史上具有里程碑意义,标志着对移动机器人的 SLAM 方法研究正式成为一个重要的科研领域。随后十几年里,SLAM 问题派生出的数据关联、计算复杂度、环境地图表示等研究内容,并取得了重要的研究成果。在 2000 年的 ICRA 会议上,15 名研究者专门针对 SLAM 问题的数据关联、计算复杂度及实现等问题进行了深入讨论,并且 2002 年 ICRA 会议从事此类研究的工作者增至 150 名,并对 SLAM 应用环境扩展为室内、室外及水下等环境。

由于 SLAM 具有重要的研究意义和广泛的应用价值,有关 SLAM 的研究会议和学术讲座逐年增加,如 SLAM SUMMER 等讲座,因此,针对 SLAM 技术很快成为国际上一个重要的研究热点。通过来自世界各地专家学者的讲座和会议讨论,促进了各国研究者的相互交流与学习。

目前移动机器人的 SLAM 算法以基于概率的方法为主,概率方法均基于贝叶斯滤波技术,它包括卡尔曼滤波器(Kalman Filter,KF)[1]、粒子滤波器(Particle Filter,PF)[2]、期望最大化(Expectation Maximization,EM)等算法。

1. 基于卡尔曼滤波的 SLAM 方法[3]

卡尔曼滤波通过将环境特征和移动机器人的位姿进行综合估计系统状态变量,且其协方差矩阵能够快速收敛。然而,传统的卡尔曼滤波存在一定的局限性,即要求状态转移及测量函数均是线性的,噪声符合高斯分布,且无法处理数据关联问题。所以,目前针对卡尔曼滤波的研究主要集中在扩展卡尔曼滤波(EKF)和信息滤波(IF)。

EKF 通过线性函数近似机器人运动模型。适合于不确定信息的处理。但 EKF 具有线性化误差,使得其预测和更新难以达到最优。EKF 用于 SLAM 时协方差的计算量很大,复杂度达到 $O(n^3)$,n 为状态空间长度。很多研究者为了能够切实提升 EKF – SLAM 算法实时性,对算法进行了深入的分析与优化,并提出了诸多改进措施,其中比较典型的措施是把 SLAM 相关问题再次形式化,或者是基于评估效果与实时性之上展开研究,如稀疏扩展信息滤波器、解耦随机地图和相对路标表示等。关于这一问题,著名研究者 Guivant 的分析重点为减少计算复杂度,并为此提出了诸多 CEKF 类算法,同 EKF 算法相比,两者可获得同一估算结果,若移动机器人在局部范围工作时,其计算复杂度只有 $O(N_A^2)$,N_A 表示局部地图中存在的路标数。不过若要全局更新,CEKF 算法的计算复杂度是 $O(N^2)$,符号 N 表示全局地图中存在的路标数。

IF 是通过信息向量以及信息矩阵进行表达的,将原先的协方差矩阵替换成信息矩阵,进而显示不确定性,通过信息矩阵自身的稀疏度减少其计算量。与 KF 相比,IF 滤波拥有许多优势:一是 IF 能够通过计算信息矩阵与向量之和实现数据的滤波,进而获得比较精准的估算结果;二是相对于 KF 而言,IF 稳定性比较好;三是在对高维地图进行估算时 EKF 效率偏低,这是由于所有独立观测值皆会对高斯函数参数带来干扰,所以要对环境中的相关路标进行过更新时,需要投入很多的时间。IF 的局限性主要体现在处理非线性系统时,更新时需要重新进行状态估计,这对于处理高维系统 IF 计算效率低。

2. 基于粒子滤波器的 SLAM 方法[4]

粒子滤波器是一种递归的贝叶斯滤波算法,根据非参数化的蒙特卡罗模拟方法来对贝叶斯滤波进行递归实现,这种方法可以广泛地被应用在任何能用状态空间模型表达的非线性系统中。

粒子滤波器用于 SLAM 地图创建还面临着很多困难。首先是科学计算复杂度,对于全状态模式的 SLAM 问题,状态向量中存在的维数与路标成正比例关系,那么计算量也会受路标数量持续增加的影响而保持指数增长。所以,在实际应用中,粒子滤波器仅可适用在机器人定位上,若是估算机器人方位,首先需要在地图中创建相关模块。Murphy 等著名研究者在此基础上发明了 Rao – Blackwellised 粒子滤波器的实现方式,为通过粒子滤波器切实解决 SLAM 地图创建这一难题提供了坚实的理论根基。在此之后,Montmerlo 等著名研究者经过大量的实验,设计出了一种在移动机器人 SLAM 中使用 Rao – Blackwellised 粒子滤波器的算法即 FastSLAM 算法。该算法是一种根据递归特性实现的一种蒙特卡罗采样计算方法,第一次通过粒子簇实现了表征非线性、非高斯系统的状态分布。

3. 基于期望最大化模型(EM)的 SLAM 方法[5]

基于概率方法的期望最大化算法最早是被 Thrun 提出的。期望的步骤主要是根据目前相似性最大的地图来对机器人的位姿进行估计;最大化的步骤与期望的步骤正好相反,它主要是根据 E – Step 得到机器人位姿以对相似性最大的地图进行估计。通过使用 EM 的 SLAM 算法,来进行地图创建问题的转化为在概率约束的条件下最大相似度估计问题,根据这一问题的结果来对机器人的位姿进行估计,在这种情况下就能够使机器人有地图创建与定位性能。

当前分析资料不仅包括卡尔曼滤波器和粒子滤波器等估算方式,还包括扩展卡尔曼滤波器、信息滤波器以及期望最大化模型等计算方法,各个算法所具有的优点与不足可参考表 4 – 1。其中扩展卡尔曼滤波的用途仍然最广。

表 4 – 1　几种 SLAM 滤波方法的优、缺点对比

方法	优　点	缺　点
卡尔曼滤波	能够处理不确定性,具有较高的收敛性	高斯分布假设,高维地图效率较低
扩展卡尔曼滤波	能够处理不确定,具有较高的收敛性,计算复杂度低	高斯分布假设,高维地图效率较低
信息滤波	简单、稳定、准确	不能处理数据关联问题,高维状态空间计算效率低
粒子滤波	能够处理非线性系统,能够处理非高斯噪声	计算量随复杂度而快速增加
期望最大化	地图创建最优,能够解决数据关联问题	效率低,计算量大,对大尺寸场景不稳定,仅用于地图创建

4.2 搜救机器人数学模型

伴随仿生技术和智能化发展的浪潮,仿生蛇形机器人受到国内外学者的广泛关注,目前已成为机器人研究领域的新热点。在灾难救援任务中,复杂地形及恶劣环境对机器人运动性能提出了新的挑战,要求蛇形机器人在适应性、稳定性上具有更高的创造性。与传统移动机器人相比,蛇形机器人作为一种多自由度仿生机器人,在复杂地形环境下具有明显优势:①躯体重心低,运动方式更稳定;②依靠躯体摆动摩擦获得前进动力,使其具有一定的自动避障能力;③躯体结构以及多种步态,可适应不同的应用环境且可通过狭窄空间。因此,蛇形机器人在矿灾和地震等恶劣环境中执行搜救任务、管道矿井探测工作中展示出巨大的潜能。此外,经伪装的蛇形机器人也可在军事侦查和小区域打击中崭露头角。

1. 位姿模型

分析蛇形机器人的结构特点并参照相关设计和分析,可以发现其最常用到的是连杆模型,在连杆模型中,蛇形机器人的关节简化为节点和连杆结构,关节之间的不动部分则被相应长度的杆代替,蛇形机器人的简单运动模型也可以简化成连杆模型。蛇形机器人可以由多个模块组成,可以根据实际需要选择,实施时模块的数量会影响控制的难度和数学模型的复杂度,因而这里选取 5 个关节的蛇形机器人进行分析,其简化的连杆模型如图 4.2 所示。

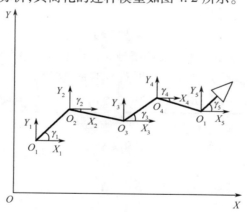

图 4.2　移动变形机器人连杆结构简化模型

在二维坐标系中,分析其同一水平面的蜿蜒或蠕动运动,假设蛇形机器人单个躯干部的长度为 l,关节与 X 轴的夹角为 γ_1,根据机器人关节间的关系在全局坐标系 XOY 下有

$$x_2 = x_1 + l\cos\gamma_1 \tag{4.1}$$

$$y_2 = y_1 + l\sin\gamma_1 \tag{4.2}$$

依照相邻关节之间的关系,得到位置关系式为

$$x_i = x_{i-1} + l\cos\gamma_{i-1} \tag{4.3}$$

$$y_i = y_{i-1} + l\sin\gamma_{i-1} \tag{4.4}$$

式中:$i \le 5$,x_i、y_i 为关节 i 在坐标系 XOY 中的位置。

利用位置关系式(4.3)和式(4.4)对时间求导,得速度关系式为

$$\dot{x}_i = \dot{x}_{i-1} - l\,\dot{\gamma}_{i-1}\sin\gamma_{i-1} \tag{4.5}$$

$$\dot{y}_i = \dot{y}_{i-1} + l\,\dot{\gamma}_{i-1}\cos\dot{\gamma}_{i-1} \tag{4.6}$$

式中:$\dot{x}_i$、$\dot{y}_i$ 为关节 i 在坐标系 XOY 中的速度。

利用速度关系式再对时间求导,得加速度关系式为

$$\ddot{x}_i = \ddot{x}_{i-1} - l\,\dot{\gamma}_{i-1}^2\cos\gamma_{i-1} - l\,\ddot{\gamma}_{i-1}\sin\gamma_{i-1} \tag{4.7}$$

$$\ddot{y}_i = \ddot{y}_{i-1} - l\,\dot{\gamma}_{i-1}^2\sin\gamma_{i-1} + l\,\ddot{\gamma}_{i-1}\cos\gamma_{i-1} \tag{4.8}$$

式中:$\ddot{x}_i$、$\ddot{y}_i$ 为关节 i 在坐标系 XOY 中的加速度。

同理,可得躯干部 i 的重心位置、速度和加速度为

$$\begin{cases} x_{ig} = x_{i-1} + \dfrac{l}{2}\cos\gamma_{i-1} \\[2mm] y_{ig} = y_{i-1} + \dfrac{l}{2}\sin\gamma_{i-1} \\[2mm] \dot{x}_{ig} = \dot{x}_{i-1} - \dfrac{l}{2}\,\dot{\gamma}_{i-1}\sin\gamma_{i-1} \\[2mm] \dot{y}_{ig} = \dot{y}_{i-1} + \dfrac{l}{2}\,\dot{\gamma}_{i-1}\cos\gamma_{i-1} \\[2mm] \ddot{x}_{ig} = \ddot{x}_{i-1} - \dfrac{l}{2}\,\dot{\gamma}_{i-1}^2\cos\gamma_{i-1} - \dfrac{l}{2}\,\ddot{\gamma}_{i-1}\sin\gamma_{i-1} \\[2mm] \ddot{y}_{ig} = \ddot{y}_{i-1} - \dfrac{l}{2}\,\dot{\gamma}_{i-1}^2\sin\gamma_{i-1} + \dfrac{l}{2}\,\ddot{\gamma}_{i-1}\cos\gamma_{i-1} \end{cases} \tag{4.9}$$

式中:x_{ig}、y_{ig} 为躯干部 i 的重心在坐标系 XOY 中的位置;$\dot{x}_{ig}$、$\dot{y}_{ig}$ 为躯干部 i 的重心在坐标系 XOY 中的速度;$\ddot{x}_{ig}$、$\ddot{y}_{ig}$ 为躯干部 i 的重心在坐标系 XOY 中的加速度。

在机器人 SLAM 中用到的主要是机器人的位姿模型。位姿模型描述的是机器人在全局坐标系下的坐标和方向角。机器人的位姿估计就是进行相对坐标和绝对坐标转换的过程。这样就必须简化蛇形变形机器人的模型,这样才能使得衡量指标唯一化,由于主要传感器集中在机器人的尾部,因此将机器人尾部作为衡量机器人位姿的点,其位姿关系示意图如图 4.3 所示,通常将机器人在二维运

动平面 XOY 的坐标和方向角通过一个三维状态向量 $[p,q,\theta]^{\mathrm{T}}$ 来表示,p 和 q 分别是侧向(X 轴)及前向(Y 轴)位移;θ 为其偏航角,其定义是以 Z 轴为中心轴,从 Z 轴正向观察,逆时针方向偏转为正,顺时针方向偏转为负,其范围为 $[-180°,180°]$。而在 k 时刻对机器人位姿估计则用 $[p_k,q_k,\theta_k]^{\mathrm{T}}$ 来表示。

由于现实的蛇形机器人的运动复杂,包含扭动、翻滚等动作,机器人运动过程中,即使是向着同一个方向做蜿蜒运动,其尾部位姿关系也一直处于变化的状态,但是其变化会呈现出一定的规律。例如,蛇依靠蜿蜒沿着 Y 轴正向前进,其 Y 向位移会不断增加,但是 X 向的位移会呈现正弦规律的变化,而偏航角 θ 也会呈现正弦规律的变化。为了防止这种情况发生,假定移动变形机器人的尾部为一质点,当整体朝着同一个方向前进时,其正向位移发生变化,但是侧向和偏航角不会发生变化,只有在整体的速度方向改变时,侧向位移和偏航角才会发生变化。依据这种假定,就可以对蛇形机器人的尾部位姿模型进行模拟,运用同步两轮驱动的四轮小车来模拟蛇形机器人的位姿模型,其位姿如图 4.4 所示。

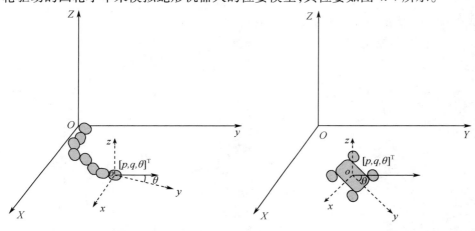

图 4.3　机器人尾部位姿模型　　　图 4.4　小车模拟蛇形机器人
尾部等效位姿模型

2. 里程计模型

通过光电编码器来实现里程信息的测量和提取,它将位移转变为周期性电信号,而后将其转化为计数脉冲,通过脉冲量来反映位移程度。搜救机器人里程计模型决定于其结构特点及运动学模型。对于双轮异步驱动的运动模型来说,依据采样间隔内移动变形机器人不同的运动轨迹,可通过两种模型来表示里程计模型,一是圆弧模型,二是直线模型。前者属于通用型模型,详情可参考图 4.5,该模型会将机器人的运动状态、偏航角等因素充分考虑在内。后者是针对前者进行设计的,人们通常将运动过程中偏航角的变化度视为 0,可通过比较简单的直线来仿真机器人运动状态。

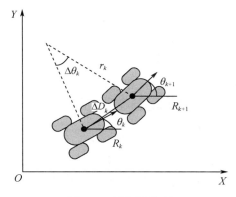

图 4.5　里程计模型

（1）圆弧模型。此模型假定在采样时间 Δt 内,用标准的圆弧模型来近似表示机器人运动轨迹,机器人终止方向和起始方向的差角值为 $|\Delta\theta_k|>0$,可通过圆弧模型进行表达,即

$$f(R_{k+1/k}) = \begin{bmatrix} p_k + r_k(\sin(\theta_k + \Delta\theta_k) - \sin\theta_k) \\ q_k - r_k(\cos(\theta_k + \Delta\theta_k) - \cos\theta_k) \\ \theta_k + \Delta\theta_k \end{bmatrix}, \Delta\theta_k \neq 0 \qquad (4.10)$$

（2）直线模型。此模型假定在采样时间 Δt 内,用直线模型近似机器人运动轨迹,此时 $\Delta\theta_k = 0$,这样通过圆弧模型方程求得直线模型的方程为

$$f(R_{k+1/k}) = \begin{bmatrix} p_k + \Delta D_k\sin\theta_k \\ q_k - \Delta D_k\cos\theta_k \\ \theta_k \end{bmatrix}, \Delta\theta_k = 0 \qquad (4.11)$$

3. 坐标变换

全局坐标系 XOY 和机器人坐标系 xoy 如图 4.6 所示,设定 (x_t, y_t) 为机器人坐标系参考下的一点,机器人质点坐标系的原点在全局坐标系中的坐标为 (X_0, Y_0),则依据图中所示的变量关系,可以得到此点在全局坐标系下的坐标 (X_t, Y_t) 与 (x_t, y_t) 的转换关系为

$$\begin{cases} X_t = X_0 + x_t = R_0\sin\alpha + r\sin\beta \\ Y_t = Y_0 + y_t = R_0\cos\alpha + r\cos\beta \end{cases} \qquad (4.12)$$

式中:R_0 为点 (X_0, Y_0) 到全局坐标原点的距

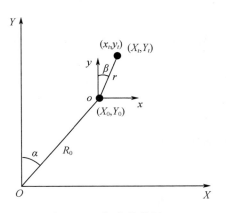

图 4.6　坐标变换分析

离;α 为机器人坐标系原点 o 和全局坐标系原点 O 连线和全局坐标轴 Y 轴的夹角;r 为点 (x_t, y_t) 到机器人坐标系原点 o 的距离;β 为 (x_t, y_t) 点与机器人坐标系原点 o 的连线与机器人坐标轴 y 轴的夹角,即姿态中的偏航角。

4.3 SLAM 基本原理与常用方法

移动机器人的可靠定位性能是移动机器人领域研究的关键问题之一。移动机器人的定位是指:移动机器人利用已知的环境信息、光电编码器信息和传感器对外界环境的感知信息来对自身在全局坐标系中的位姿进行估计,定位是否准确对于创建地图的准确性有十分重要的影响。移动机器人自诞生以来,在进行定位问题的研究时就与地图的创建之间存在着紧密的联系,很多这方面的研究人员都对已知环境地图的定位问题与已知定位的地图创建进行了深入的研究,并根据自己的研究成果提出了具体的解决措施。

如果机器人的位置与地图的位置都是已知的,这种情况下问题就会变得复杂化。移动机器人在未知的环境中开始运动,并且建立该运动区域的环境地图,同时根据地图来对自己进行定位,这被称为同步定位和地图构建,简称 SLAM。在同步定位和地图构建中,移动机器人与地图构建两者是紧密联系的,并且形成一个不断变化的过程,有些研究人员就把它们的关系比作鸡蛋和鸡的问题。随着移动机器人技术的不断发展,同步定位和地图构建已经成为该领域的一项重要难题,并且不断受到关注。

在创建环境地图的基础上确保定位精准,这是一个自主移动机器人应该具有的一个基本功能。为了能够实现移动机器人的自主运行,还需要 SLAM 在以下 3 个领域进一步优化。

(1)实时性。移动机器人自主定位和地图构建需要实时处理与完成,现在根据概率或者 EKF - SLAM 等设计的计算方法都很难实现定位实时性与地图创建实时性。欲想有效实现实时性,需要从两点入手:一是改善硬件设备,提高硬件设备处理能力;二是研究更高效的 SLAM 算法或者改进现有算法的效率降低计算量,降低算法的时间和空间复杂度。

(2)鲁棒性。移动机器人定位与地图构建主要是指未知的不确定环境中进行的,这就会存在着各种不确定性,从而导致 SLAM 处理的结果难以保证稳定性。例如,EKF - SLAM 算法在很大程度上依靠数据间所存在的密切联系,若是数据关联不精准,极易使得算法发散。

(3)精准性。在未知的不确定环境中定位与建图是比较困难的,因此要尽可能降低系统未知因素。因为声呐、超声波等传感器所获取的测量信息都不是十分精准,所以在未来研究中还需要偏向于应用激光测距仪与里程计融合的 SLAM 算法。

本章针对移动机器人定位和地图构建常用的方法,主要内容是 SLAM 问题的建模、基于 EKF – SLAM 算法和基于粒子滤波器 SLAM 算法。

4.3.1　SLAM 问题的建模

SLAM 指的是机器人在移动期间自动建立地图,并且基于地图预估自身位置。在建图和定位的过程中,通过在线计算得到机器人的行走轨迹和路标的位置,不需提供先验知识。假定机器人在基于未知环境下移动,且根据自身拥有的传感器对未知环境展开系统化监测,具体详情可参考图 4.7。图中的空心三角形指的是机器人的实际位姿,实心三角形指的是机器人的预测位姿,空心圆指的是路标的实际方位,实心圆指的是路标的预测方位,实线表示实际移动路径,虚线表示机器人估计移动路径。

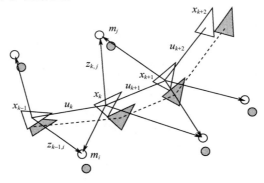

图 4.7　SLAM 问题的示意图

在时刻 k,定义变量如下。

x_k:位姿向量(位置、方向)。

u_k:控制向量($k-1$ 时刻作用于机器人,使机器人在 k 时刻达到状态 x_k)。

m_i:第 i 个路标的位置向量,假定它的实际位置是时变的。

z_{ik}:k 时刻机器人对第 i 个路标的观测。

$X_{0:k} = \{x_0, x_1, \cdots, x_k\} = \{X_{0:k-1}, x_k\}$:机器人位姿(轨迹)。

$U_{0:k} = \{u_0, u_1, \cdots, u_k\} = \{U_{0:k-1}, u_k\}$:控制输入。

$m = \{m_1, m_2, \cdots, m_n\}$:所有路标集合。

$Z_{0:k} = \{z_0, z_1, \cdots, z_k\} = \{Z_{0:k-1}, z_k\}$:对路标的观测的集合。

从概率论观点看,SLAM 问题求的是概率分布 $P(x_k, m \mid Z_{0:k}, U_{0:k}, x_0)$,也就是基于 k 时刻的全部观测量、输入监测、机器人最初位姿都已明确指定,根据已知条件来计算机器人真实位姿及 k 时刻路标在关联后的分布概率状况。通常选择贝叶斯理论来处理 SLAM 的方案。此理论明确给出了 $k-1$ 时刻 $P(x_{k-1}, m \mid Z_{0:k-1}, U_{0:k-1}, x_0)$ 的预期评测,采用控制输入 u_k 及观测 z_k 对后验概率进行及时更新与计算。在应用贝叶斯估计时离不开状态转移及观测两种模型,其中观测模型的功能是记录观测功效,状态转移模型是对系统状态进行系统化描述。

观测模型是在明确机器人路标位置及真实位姿时对 z_k 产生的概率进行实时观测。其表现模式为 $P(z_k|x_k,m)$。

运动模型指的是基于控制输入作用下的机器人处于不同状态下的多种转移概率。其具体表现形式为 $P(x_k|x_{k-1},u_k)$。

SLAM 问题可以用贝叶斯方法递归地进行计算。贝叶斯估计包括式(4.13)和式(4.14)所示的预测和更新两步递归执行,即

$$P(x_k,m \mid Z_{0:k-1},U_{0:k},x_0)$$

$$= \int P(x_k \mid x_{k-1},u_k)P(x_{k-1},m \mid Z_{0:k-1},U_{0:k-1},x_0)\,\mathrm{d}x_{k-1} \quad (4.13)$$

$$P(x_k,m|Z_{0:k},U_{0:k},x_0) = \frac{P(z_k|x_k,m)P(x_k,m|Z_{0:k-1},U_{0:k},x_0)}{P(z_k|Z_{0:k-1},U_{0:k})} \quad (4.14)$$

式(4.13)与式(4.14)给出了联合后验概率 $P(x_k,m|Z_{0:k},U_{0:k},x_0)$ 的递归计算方法。可以看出,递归过程需要用到运动模型 $P(x_k|x_{k-1},u_k)$ 和观测模型 $P(z_k|x_k,m)$。

根据上述式(4.13)、式(4.14)对其评估及更新的先验、后验概率进行计算,针对 SLAM 出现的运动模型及观测模型比较相近这一问题要及时处理。当前所采用的处理方法有 EKF-SLAM 算法与基于粒子滤波的 FastSLAM 算法。

由于 SLAM 问题可通过递归的贝叶斯估计方法实现模型的创建,所以只要属于 SLAM 问题都可采用动态贝叶斯估计方法进行处理。当前又推出几种新方法:动态贝叶斯网络(DBN)的方法、基于扩展信息滤波(EIF)的方法、基于期望最大化算法(EM)、基于无迹卡尔曼滤波(UKF)方法等。当前移动机器人已经进入概率机器人学阶段,依赖于新的概率方法的引入来解决 SLAM 问题。

4.3.2 基于扩展卡尔曼滤波器的 SLAM

基于扩展卡尔曼滤波器的 SLAM 是对卡尔曼滤波器的非线性推广,基于卡尔曼滤波的 SLAM 有着严格的限制条件:①系统模型必须是线性的;②运动和观测模型的概率分布必须是单峰正态分布;③地图需是可区分的路标,基于卡尔曼滤波的方法具有简单、收敛的优点,但是系统模型的线性假设在很多情况下不成立。

EKF-SLAM 通过使用一阶泰勒展开式来实现观测方程和非线性方程的线性化,通过使用卡尔曼滤波的方法对递归状态进行估计,所以 EKF-SLAM 在移动机器人进行定位和建图中有着广泛的应用,并且在应对未知信息时也具有明显优势,因此在机器人领域得到大力的推广与使用。但是 EKF-SLAM 也有不

足之处,其在地图中明确标识了机器人与环境两者的协方差矩阵特性,为降低出现差错的概率都要对此矩阵进行适当调整,所以此算法具备非常高的复杂性,不适合大规模环境建模。

EKF-SLAM 方法采用非线性方程描述运动和观测模型。移动机器人运动模型可以表示为

$$P(x_k|x_{k-1},u_k) \Leftrightarrow x_k = f(x_{k-1},u_k) + w_k \tag{4.15}$$

式中:$f(x_{k-1},u_k)$ 为运动学方程;w_k 为零均值的噪声。其方差定义为 Q_k。移动机器人所呈现的观测模型具体为

$$P(z_k|x_k,m) \Leftrightarrow z_k = h(x_k,m) + v_k \tag{4.16}$$

式中:$h(x_k,m)$ 为观测的几何学特性;v_k 为零均值的加性观测噪声。方差为 R_k。

联合后验分布 $P(x_{k,m}|Z_{0:k},x_0)$ 的均值和方差分别为

$$\begin{bmatrix} \hat{x}_{k|k} \\ \hat{m}_k \end{bmatrix} = \mathbf{E} \begin{bmatrix} x_k \\ m \end{bmatrix} \Big| Z_{0:k} \tag{4.17}$$

$$\mathbf{P}_{k|k} = \begin{bmatrix} \mathbf{P}_{xx} & \mathbf{P}_{xm} \\ \mathbf{P}_{xm}^{\mathrm{T}} & \mathbf{P}_{mm} \end{bmatrix} = \mathbf{E} \left[\begin{bmatrix} x_k - \hat{x}_k \\ m - \hat{m}_k \end{bmatrix} \begin{bmatrix} x_k - \hat{x}_k \\ m - \hat{m}_k \end{bmatrix}^{\mathrm{T}} \right] \Big| Z_{0:k} \tag{4.18}$$

基于扩展卡尔曼滤波方法,它的方差与均值计算主要分为观测更新与时间更新两种。

时间更新方程为

$$\hat{x}_{k|k-1} = f(\hat{x}_{k-1|k-1},u_k) \tag{4.19}$$

$$\mathbf{P}_{xx,k-1|k-1} = \nabla f \cdot \mathbf{P}_{xx,k-1|k-1} \cdot \nabla f^{\mathrm{T}} + Q_k \tag{4.20}$$

式中:∇f 为函数 f 在 $\hat{x}_{k-1|k-1}$ 处的雅可比矩阵。

观测更新方程为

$$\begin{bmatrix} \hat{x}_{k|k} \\ \hat{m}_k \end{bmatrix} = \begin{bmatrix} \hat{x}_{k|k-1} \\ \hat{m}_{k-1} \end{bmatrix} + \mathbf{W}_k [z_k - h(\hat{x}_{k|k-1},\hat{m}_{k-1})] \tag{4.21}$$

$$\mathbf{P}_{k|k} = \mathbf{P}_{k|k-1} - \mathbf{W}_k \mathbf{S}_k \mathbf{W}_k^{\mathrm{T}} \tag{4.22}$$

式中:$\mathbf{S}_k = \nabla h \cdot \mathbf{P}_{k|k-1} \cdot \nabla h^{\mathrm{T}} + R_k$;$\mathbf{W}_k^{\mathrm{T}} = \mathbf{P}_{k|k-1} \cdot \nabla h^{\mathrm{T}} \cdot \mathbf{S}_k^{-1}$;$\nabla h$ 为雅可比矩阵。

EKF-SLAM 属于递归的评测-校正调试的一个过程:第一步主要依赖于运动模型对机器人所处环境位置进行评估,采用观测模型对其环境特性进行客观评估;第二步对两种观测之间存在的误差进行数学计算,主要依赖于系统协方差对卡尔曼滤波增益 $\mathbf{W}$ 进行计算,与此同时根据计算的 $\mathbf{W}$ 对机器人的位置进行调整;第三步将获取到的最新环境观测特性添加到地图中,通过实时更新与校正机器移动方位状态,不断降低及清除差错率。

扩展卡尔曼滤波算法是为了处理移动机器人位置定位及创建地图的一种经典方法，无论是理论研究还是工程实践应用中都十分广泛，它与导航、跟踪问题的解决方案相似，特点如下。

（1）收敛性。基于 EKF – SLAM 之下，路标方差会处于一个既定标准范围内，基于此范围内是由机器人观测的未知性与初始位姿决定的。

（2）复杂度。EKF – SLAM 在进行更新时必须对与它相关的路标和矩阵进行重新设置，路标数量的平方就是它计算的复杂度。对于弱化计算复杂度有着重大影响力。

（3）数据关联。EKF – SLAM 需要具备较强的数据关联性。如果路标与观测值出现数据关联性错误就有可能造成算法发散。当前在移动机器人定位与创建地图时要面临的一个重大问题就是环路闭合。环路闭合是指机器人基于某特定位置移动，经过一段路程后重新返回到初始方位，可辨识出此方位的一个过程。对于不同环境特性，基于不同角度移动机器人所获取到的观测路标数据是不同的，从而使数据关联性处于未知迷离状态。

（4）非线性。采用 EKF – SLAM 方法把位于非线性状态的运动与观测两种模型进行线性化处理，还是存有很多问题。非线性已经成为 EKF – SLAM 面对的一个主要问题，仅在线性情况下才能保证 SLAM 算法的收敛性、一致性。对于不同类型的传感器，其研发的 EKF 也就不同，当前 EKF 已成为应用最为广泛的一种 SLAM 方法，同时在各种环境下都取得比较好的效果。并且，之前大部分 EKF 都是产生于声呐传感器，不过该传感器存有很多干扰声音，导致测量精度不高。近年来，很多研究都致力于激光测距仪、摄像头、里程计等传感器的 EKF 算法的研究。

4.3.3 基于粒子滤波器的 SLAM

1. 粒子滤波概述

粒子滤波器指的是一种序列蒙特卡洛法，它的实现方法在于序列重要采样，是一种利用粒子集来描述概率分布的方法。它使用数量有限的采样粒子集合逼近 SLAM 的后验概率分布，粒子聚集多的地方表示概率大，粒子聚集少的地方则表示概率低。粒子滤波器能够表示任何可用马尔科夫链表示的概率机器人模型，但是高维的概率分布需要的粒子量大，采用 RBPF（Rao – Blackwellized Particle Filter）滤波器可以解决这个问题。Murphy 和 Doucet 两位学者将（RBPF）粒子滤波作为一种新的算法来解决 SLAM 问题，后来 Montemerla 等研究者将 RBPF 粒子滤波算法框架进行了推广。RBPF 算法将状态空间分离为独立的部分，并边缘化该部分的一个或者多个组成部分，提供了简化概率估计的方法。FastSLAM 是 RBPF 滤波器最为成功的实例，也是目前应用最广泛的一种 SLAM 方法，基于不同实际状况来对机器人的位姿估计与定位问题进行详细介绍。

2. 基于粒子滤波的 SLAM 算法

由于 SLAM 问题具有高维的特点,若选用粒子滤波器就会使其成本不断提升。因此选择 RBPF 算法实现采样空间的缩减,具体实现原理在于通过两个概率的乘积来标识联合概率,也就是 $P(x_1, x_2) = P(x_2 | x_1) P(x_1)$。如果 $P(x_2 | x_1)$可以解析地表示,那么仅需要对 $P(x_1)$ 采样:$x_1^{(i)} \sim P(x_1)$。于是,可以用集合$\{x_1^{(i)}, P(x_2 | x_1^{(i)})\}_i^N$ 表示联合分布。

可根据其特性将 SLAM 分为地图分量与位姿分量两种模式,即

$$P(X_{0:k}, m | Z_{0:k}, U_{0:k}, x_0) = P(m | X_{0:k}, Z_{0:k-1}) P(X_{0:k} | Z_{0:k}, U_{0:k}, x_0) \quad (4.23)$$

式(4.23)中的概率分布是关于轨迹 $X_{0:k}$ 而不是关于位姿 x_k 的。正基于此,在将条件限制于轨迹时,地图上的各项路标会自动独立完成,具体详情可参考图 4.8。其中路标呈现的独立性是 FastSLAM 唯一特性所在,正是因此特性的存在使此算法具备了一定的快速性。可选用相对独立的高斯分布来标识地图特性,所以在计算复杂度时会呈现一定的线性特性,协方差的计算复杂度具有平方特性。

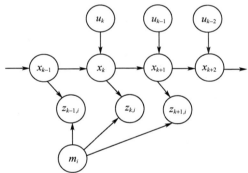

图 4.8　SLAM 问题的图模型

设 k 时刻的联合分布可以用粒子集合 $\{w_k^{(i)}, X_{0:k}^{(i)}, P(m | X_{0:k}^{(i)}, Z_{0:k})\}_i^N$ 来表示。其中,每个粒子包含的地图由独立的高斯分布组成,即

$$P(m | X_{0:k}^{(i)}, Z_{0:k}) = \prod_j^M P(m_j | X_{0:k}^{(i)}, Z_{0:k}) \quad (4.24)$$

FastSLAM 中每个粒子维护一条轨迹和地图。不过地图所呈现的多个特性处于独立状态。通常选择粒子滤波器展开位姿评估,选择扩展卡尔曼滤波器展开地图评估。

基于 Rao – Blackwellized 粒子滤波器的 FastSLAM 一般步骤如下。

(1) 初始化,在 $t = 0$ 时刻。

① 根据重要性函数 $\pi(X_0^v)$ 选取初始粒子群 $\{X_0^v(1), X_0^v(2), \cdots, X_0^v(N)\}$。

② 计算初始粒子的重要性权值,$i = 1, 2, \cdots, N$。

$$\omega(X_0^v(i)) = \frac{p(Z_0/X_0^v(i))p(X_0^v(i))}{\pi(X_0^v(i)/Z_0)} \tag{4.25}$$

③ 权值归一化,即

$$\overline{\omega}(X_0^v) = \frac{\omega(X_0^v(i))}{\sum\limits_{i=1}^{N}\omega(X_0^v(i))} \tag{4.26}$$

(2) 预测阶段:在 $t = k-1, k > 1$ 时刻。

根据重要性函数 $\pi(X_k^v/X_{k-1}^v, Z_{1\to k})$,选取预测后粒子群 $\{X_k^v(1), X_k^v(2), \cdots,$ $X_k^v(N)\}$,其中 $X_k^v = f(X_{k-1}^v)$。

(3) 更新阶段:在 $t = k$ 时刻。

① 在已经获取观测量 Z_k 的情况下,估计重要性权值,即

$$\omega[X_k^v(i)] = \omega[X_{k-1}^v(i)]\frac{p(Z_k/X_k^v(i))p(X_k^v(i)/X_{k-1}^v(i))}{\pi(X_k^v(i)/X_{k-1}^v(i), Z_{1\to k})} \tag{4.27}$$

② 权值归一化,即

$$\overline{\omega}(X_k^v) = \frac{\omega(X_k^v(i))}{\sum\limits_{i=1}^{N}\omega(X_k^v(i))} \tag{4.28}$$

(4) 必需时进行再采样。

① 重采样是重新选择粒子,根据权值,复制权值高的粒子,抛弃权值低的粒子,产生 N 个新的粒子集 $\{\hat{X}_k^v(1), \hat{X}_k^v(2), \cdots, \hat{X}_k^v(N)\}$。

② 权值归一化,选取的粒子具有相同的权值,即

$$\overline{\omega}(X_k^v) = \frac{1}{N} \tag{4.29}$$

(5) 结果输出,即

$$X_k^v = \sum\limits_{i=1}^{N}\overline{\omega}(X_k^v) \cdot X_k^v(i) \tag{4.30}$$

$$\pi(X_k^v/Z_{1\to k}) \approx \sum\limits_{i=1}^{N}\overline{\omega}(X_k^v)\delta(X_k^v - X_k^v(i)) \tag{4.31}$$

目前,已研发出版本为 FastSLAM 1.0、FastSLAM 2.0 的两种 FastSLAM。两个版本存在的差异性主要体现在第一步分布与第二步的权值上。与 FastSLAM 1.0 版本相比,FastSLAM 2.0 运作效率更优。

在 FastSLAM 1.0 中,预期分布主要采用运动模型,即

$$x_k^{(i)} \sim P\{x_k | x_{k-1}^{(i)}, u_k\} \tag{4.32}$$

于是,式(4.32)中的重要性权值为观测模型,即

$$w_k^{(i)} = w_{k-1}^{(i)} P(z_k | X_{0:k}^{(i)}, Z_{0:k-1}) \tag{4.33}$$

在 FastSLAM 2.0 中,预期分布包括当前的观测,即

$$x_k^{(i)} = P(x_k | X_{0:k-1}^{(i)}, Z_{0:k}, u_k) \tag{4.34}$$

式中:$P\{x_k | X_{0:k-1}^{(i)}, Z_{0:k}, u_k\} = \dfrac{1}{C} P\{z_k | x_k, X_{0:k-1}^{(i)}, Z_{0:k-1}\} P\{x_k | x_{k-1}^{(i)}, u_k\}$,$C$ 为归一化常数。

3. 粒子滤波中的退化现象

粒子退化现象是粒子滤波中一个常见的问题。粒子滤波一段时间后,粒子的权值开始出现两极分化的现象,少数权值很大的粒子开始对结果起到主导作用。而大多数的粒子权值都非常小,对结果的作用几乎可以忽略,这样就导致大量的计算会花费在求解这些权值很小对结果几乎没有影响的粒子更新上。权值的方差随时间逐渐增大,这就导致粒子的退化现象。针对粒子退化这一现象,采用的是自适应抽样,引进了一个采样粒子有效的尺度,即

$$N_{\text{eff}} = \frac{1}{\sum\limits_{i=1}^{N} [\omega_k^{(i)}]^2} \tag{4.35}$$

如果 N_{eff} 的值变小,就表示存在着粒子退化。如果出现某一粒子的权值为1,而其余所有的粒子权值都为0,此时 $N_{\text{eff}} = 1$,这表明粒子退化现象十分严重。因此,为了避免粒子严重退化的现象,设置一个阈值,N_{eff} 小于此阈值时进行重采样,目的是为了去除粒子中权值较小对结果几乎不起作用的粒子,保留权值较大的粒子。残差采样、分层采样等都是常用的重采样方法,其基本思想都是对后验概率分布的近似表达,即

$$\pi(X_k^v / Z_{1 \to k}, u_k) \approx \sum_{i=1}^{N} \omega(X_k^v) \delta(X_k^v - X_k^v(i)) \tag{4.36}$$

重采样 N 次后产生新的粒子集 $\{\hat{X}_k^v(1), \hat{X}_k^v(2), \cdots, \hat{X}_k^v(N)\}$,满足 $\pi[\hat{X}_k^v(i) = X_k^v(j)] = \omega[X_k^v(j)]$。由于采样过程是独立并且同分布的,所以粒子的权值设置为 $\omega(X_k^v(j)) = 1/N_s$。

4.4　基于激光测距仪的 MiniSLAM 算法

EKF – SLAM 在不确定信息的表达上非常简洁和高效,采用一个多维高斯模型来描述机器人位姿和地图的联合后验分布,其维度为 $2N+3$,其中 N 为环境特征的数目,但 EKF – SLAM 算法难以解决高度非线性和数据关联问题。FastSLAM 算法运用 RBPF 思想对后验概率进行因式分解,将 SLAM 问题分解成机器人路径估计和基于路径估计的地图创建两个子问题,其中路径的估计采用

粒子滤波器,环境特征估计采用EKF。与传统的SLAM算法相比,EKF降低了算法复杂度,效率更高,但计算量仍然比较大,程序实现复杂。

EKF – SLAM在不确定信息的表达上非常简洁和高效,采用一个多维高斯模型来描述机器人位姿和地图的联合后验分布,其维度为$2N+3$,其中N为环境特征的数目,但EKF – SLAM算法难以解决高度非线性和数据关联问题。FastSLAM算法运用RBPF思想对后验概率进行因式分解,将SLAM问题分解成机器人路径估计和基于路径估计的地图创建两个子问题,其中路径的估计采用粒子滤波器,环境特征估计采用EKF。与传统的SLAM算法相比,EKF降低了算法复杂度,效率更高,但计算量仍然比较大,程序实现复杂。

大多数SLAM算法都是针对缓慢移动的机器人进行测试,速度一般不超过1m/s,蛇形机器人的速度可达到2m/s。到目前为止,几乎所有SLAM算法的计算和实现所需要的运算量都较大,难以满足需要。在此情况下,提出一种MiniSLAM算法,其运算量少、实时性高,可应用于蛇形机器人复杂地形环境的地图构建需要。

4.4.1　MiniSLAM 模型

在SLAM问题中,机器人的位置、环境地图以及传感器数据都具有不同程度的不确定性,概率机器人学采用概率模型可精确地描述这种不确定性。为了降低问题的复杂度,假定SLAM问题服从一阶马尔科夫过程,因此可以采用动态贝叶斯网络来描述SLAM问题中的状态转移过程,如图4.9所示。

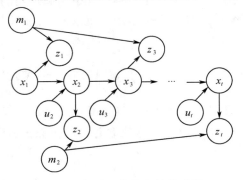

图4.9　SLAM 的状态转移过程

其中,环境地图M中包含一系列的环境特征$M=\{m_1,m_2,\cdots,m_N\}$,$x_t=(x,y,\theta)$表示t时刻机器人的位姿,x和y为二维笛卡儿坐标系中机器人的位置,θ为机器人的方向角,$x^t=\{x_1,x_2,\cdots,x_t\}$为初始时刻到$t$时刻机器人的运动轨迹,$u^t=\{u_1,u_2,\cdots,u_t\}$和$Z^t=\{z_1,z_2,\cdots,z_t\}$表示$t$时刻之前的控制输入量和观测量,$u_t$代表$t-1$时刻到$t$时刻的控制输入量,$z_t$表示$t$时刻的观测量,$n^t=\{n_1,n_2,n_3\}$为观测量对应的特征标识。

根据一阶马尔科夫过程和条件独立性,可得

$$p(x_t|x^{t-1},u^t,z^{t-1},n^{t-1}) = p(x_t|x_{t-1},u_t) \qquad (4.37)$$

$$p(z_t|x^t,u^t,M,n^t) = p(z_t|x_t,m_{n_t},n_t) \qquad (4.38)$$

SLAM 问题的运动模型可表示为

$$p(x_t|x_{t-1},u_t) = g(x_{t-1},u_t) + \varepsilon_t \qquad (4.39)$$

SLAM 问题的观测模型可表示为

$$p(z_t|x_t,m_{n_t},n_t) = h(m_{n_t},x_t) + \delta_t \qquad (4.40)$$

式中:ε_t 为 t 时刻的运动噪声,服从 $N(0,Q_t)$;δ_t 为 t 时刻观测噪声,服从 $N(0,R_t)$ 。

SLAM 问题的目标在于从带噪声的控制量 u^t 和观测量 Z^t 中估计出环境地图 M 和机器人实时位姿 x_t 。

4.4.2 MiniSLAM 算法[6]

根据蛇形机器人环境搜索的需要,提出一种 MiniSLAM 算法来提高地图建立的实时性。MiniSLAM 算法主要由两部分组成:位姿更新和地图更新。其中,采用蒙特卡罗算法实现当前激光扫描与地图的匹配来进行位姿更新,同时,采用改进的 Bresenham 算法进行地图更新。算法包含以下 4 个过程。

(1)环境感知。通过激光测距仪进行环境感知,获取环境信息。

(2)特征匹配。采用扫描匹配算法,利用当前激光的扫描值来匹配当前地图。

(3)状态更新。采用蒙特卡洛算法更新机器人粒子集的粒子位姿及权值。

(4)地图更新。用改进的 Bresenham 算法进行地图更新。

图 4.10 所示为 MiniSLAM 算法的原理框图,从图中可以看出,移动机器人在从位置 0 移动到位置 n 的过程中,激光测距仪探测到的环境信息只更新局部地图,SLAM 程序同时记录该粒子所表示的移动机器人运动轨迹,以及在所对应位置探测到的激光测距仪测量值。机器人运动到位置 n 时,会利用位置 n 创建的局部地图与全局地图进行地图匹配并计算粒子权重,利用先前存储的机器人轨迹和传感器等信息更新全局地图。移动机器人经过重新采样,会以 $n+1$ 位置作为局部坐标系的原点,并重新建立局部地图,重复上述步骤,直至 SLAM 任务结束。

1. 蒙特卡罗算法

蒙特卡罗算法是一种基于贝叶斯滤波理论,假定初始位置均匀分布于环境空间中,随着机器人移动,粒子也做相应移动,机器人每次完成环境感知后,利用粒子近似机器人在地图上位置的算法对粒子重新进行采样。算法结束时,粒子会收敛于机器人的实际位置。蒙特卡罗算法包含以下 3 个阶段。

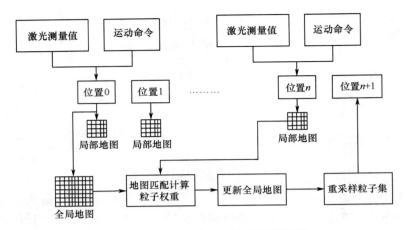

图 4.10 基于 MiniSLAM 算法原理框图

（1）预测阶段。利用运动模型以概率密度函数的形式来预测当前机器人的位姿。假设当前的状态 $\boldsymbol{x}_k$ 仅依赖于之前的状态 $\boldsymbol{x}_{k-1}$ 和已知的控制输入 $\boldsymbol{u}_{k-1}$，该运动模型被认定为条件密度 $p(\boldsymbol{x}_k|\boldsymbol{x}_{k-1},\boldsymbol{u}_{k-1})$，对于一阶马科尔夫过程，先验概率密度可通过积分得到，即

$$p(\boldsymbol{x}_k \mid Z^{k-1}) = \int p(\boldsymbol{x}_k \mid \boldsymbol{x}_{k-1}, \boldsymbol{u}_{k-1}) \, p(\boldsymbol{x}_{k-1} \mid Z^{k-1}) \mathrm{d}\boldsymbol{x}_{k-1} \qquad (4.41)$$

（2）更新阶段。根据测量模型集成传感器信息来获得后验概率密度 $p(\boldsymbol{x}_k|Z^k)$。假定对于 $\boldsymbol{x}_k$ 测量值 z_k 与之前的测量值 Z^{k-1} 是条件独立的。测量模型以似然函数 $p(z_k|\boldsymbol{x}_k)$ 的形式给出，这种形式表示在观测值 z_k 情况下，机器人位于 $\boldsymbol{x}_k$ 的可能性。通过贝叶斯公式更新先验概率值，得到后验概率密度，即

$$p(\boldsymbol{x}_k|Z^k) = \frac{p(z_k|\boldsymbol{x}_k)p(\boldsymbol{x}_k|Z^{k-1})}{p(z_k|Z^{k-1})} \qquad (4.42)$$

（3）重采样阶段。重采样的目的是去掉较小权值的粒子，并复制较大权值的粒子。通过对后验概率密度 $p(\boldsymbol{x}_k \mid Z^k) \approx \sum_{i=1}^{N_s} \omega_k^i \delta(\boldsymbol{x}_k - x_k^i)$ 重采样，得到新的粒子集 $\{x_{ik}, 1/N\}$。

（4）输出阶段。计算 k 时刻的状态估计值 $\hat{x}_k = \sum_{i=1}^{N} \tilde{x}_k^i \tilde{w}_k^i$。

2. Bresenham 地图更新算法

通过蒙特卡罗算法可以计算出机器人所在地图上的位置 P_s，通过坐标变换进而可获得激光探测的障碍物坐标 P_i。为得到完整的环境地图，需实时更新所建立的地图，在此提出一种基于 Bresenham 算法的环境地图更新改进算法。

图 4.11 所示为 Bresenham 地图更新算法流程图，其中 P_s 为激光位置坐标，P_i 为激光一次 240° 扫描范围内某一障碍物坐标，map 为地图的起始位置，m_size

为地图的尺寸大小,swap($\cdot$)是交换函数,需要在地图中更新 P_s 与 P_i 直线间像素点的值。采用 Bresenham 地图更新算法对激光扫描得到的点集进行地图更新,获得最终的环境地图。

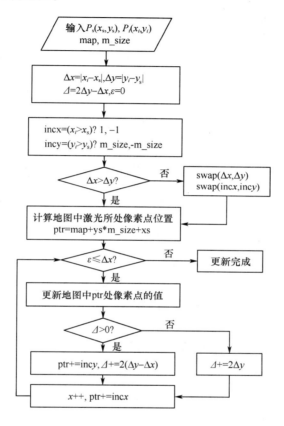

图 4.11　Bresenham 地图更新算法流程

3. 扫描匹配算法

扫描匹配是在处理激光测距仪连续采集的两帧扫描数据进行匹配,找到相邻两帧扫描数据的相对位姿变化关系,从而可以确定机器人位姿变化,实现移动机器人的定位。假定 P 和 Q 为激光连续两次扫描的点集,$P = \{p_1, p_2, \cdots, p_m\}$ 是当前激光扫描数据点集,$Q = \{q_1, q_2, \cdots, q_n\}$ 是前一次激光扫描数据点集,匹配算法为

$$E_{\text{dist}}(\alpha, \boldsymbol{T}) = \min_{\boldsymbol{R}_\alpha, \boldsymbol{T}, j \in \{1, 2, \cdots, n\}} \left(\sum_{i=1}^{m} \| (\boldsymbol{R}_\alpha \boldsymbol{p}_i + \boldsymbol{T}) - q_j \|_2^2 \right)$$

$$\text{s. t.} \quad \boldsymbol{R}_\alpha^{\text{T}} \boldsymbol{R}_\alpha = I_l, \det(\boldsymbol{R}_\alpha) = 1 \tag{4.43}$$

式中:$\boldsymbol{T} \in \mathbf{R}^l$ 为平移向量;$\boldsymbol{R}_\alpha \in \mathbf{R}^{l \times l}$ 为旋转变换矩阵;α 为旋转角度。

通过求解最小化误差和 E_{dist}，就可以得到前后两次扫描的相对变换关系 $x = (\boldsymbol{R}_\alpha, \boldsymbol{T})$。

里程计读数存在累积误差，引入扫描匹配算法周期性地对其进行校正，可提高定位的精度。具体的实现步骤如下。

（1）将上一帧激光扫描点集记为参考扫描 $\boldsymbol{Q}$，当前激光扫描点集记为 $\boldsymbol{P}$。

（2）通过扫描匹配算法计算点集 $\boldsymbol{P}$ 匹配到点集 $\boldsymbol{Q}$ 的变换关系 $(\boldsymbol{R}_\alpha, \boldsymbol{T})$。

（3）根据相邻两次的变换关系 $(\boldsymbol{R}_\alpha, \boldsymbol{T})$ 计算移动机器人当前的位姿变化 $\Delta \boldsymbol{p}_k = (\Delta x_k, \Delta y_k, \Delta \theta_k)^{\mathrm{T}}$，并更新当前机器人的位姿。已知 k 时刻机器人的位姿 $\boldsymbol{p}_k = (x_k, y_k, \theta_k)^{\mathrm{T}}$ 及位姿变化 $\Delta \boldsymbol{p}_k = (\Delta x_k, \Delta y_k, \Delta \theta_k)^{\mathrm{T}}$，计算 $k + 1$ 时刻机器人位姿 $\boldsymbol{p}_{k+1}$ 的公式为

$$
(x_{k+1}, y_{k+1}, \theta_{k+1})^{\mathrm{T}} = \begin{bmatrix} x_k \\ y_k \\ \theta_k \end{bmatrix} + \begin{bmatrix} \cos\theta_k & \sin\theta_k & 0 \\ -\sin\theta_k & \cos\theta_k & 0 \\ 0 & 0 & 1 \end{bmatrix} \begin{bmatrix} \Delta x_k \\ \Delta y_k \\ \Delta \theta_k \end{bmatrix} \tag{4.44}
$$

（4）将当前激光扫描点集 $\boldsymbol{P}$ 记为参考扫描点集 $\boldsymbol{Q}$，转（1）继续迭代计算。

4.5 仿生蛇形机器人在 SLAM 中的技术应用

4.5.1 结构环境下 SLAM 试验

试验以仿生蛇形机器人为载体平台，该机器人集成 URG – 04LX 激光测距仪和 USR – WIFI232 – T 串口转 WiFi 模块，激光测距仪安装在蛇形机器人头部，距地面约 15cm。以实验室作为结构环境，验证该载体平台的 SLAM 效果。实验室东、南、西、北侧分别规整摆放桌椅，东侧为空地，东北角为空场地。实验中，蛇形机器人按照图 4.12 给出的实线轨迹移动，以 1.5m/s 速度顺时针运动一周，箭头为蛇形机器人起点。

图 4.13 所示为利用 MiniSLAM 算法实时构建出的结构环境下 SLAM 图。图中虚线显示的是蛇形机器人的运动轨迹，周围的黑色线表示环境中所探测的物体。可以看出与真实运动轨迹相一致，而且轨迹几乎是闭合的，算法虽然还没实现闭环功能，却能够在开环的情况下实现闭环效果，可见该算法具有较高的定位精度。需要说明的是，在图 4.13 所构建出周围环境中，位于上、下、左侧出现了一些不连续的野值，这是由于激光测距仪发射的激光束打在外界环境的点处，出现了被吸收或者反射角太大的原因。

图 4.14 和图 4.15 所示为分别使用里程计估算方法和基于激光测距仪的 MiniSLAM 算法得到的机器人速度、航向角速率的部分对比，在 30s 的实验过程

中,机器人与地面之间没有发生滑动。从图中可以看出,里程计测量值较激光测量值延迟约为 10ms,但具有相同趋势和完全一致的数值。这说明在结构环境下,以蛇形机器人为平台的激光 MiniSLAM 算法可达到里程计定位定向精度。

图 4.12　结构环境下蛇形机器人移动轨迹　　图 4.13　结构环境下 SLAM 图

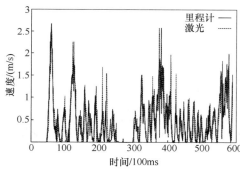
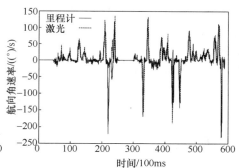

图 4.14　激光/里程计测量速度图　　　　图 4.15　激光/里程计测量航向角图

4.5.2　模拟灾难搜救环境 SLAM 试验

为了模拟灾后搜救现场,在实验室中人工搭建搜救实验环境,如图 4.16 所示。在地面上堆放着凌乱的石头、木板、箱子等杂物来模拟废墟环境,以体现搜救现场的复杂性。由于空间的有限性,实验中蛇形机器人并没有在环境空间形成闭环回路,而是按图中蓝色轨迹进行环境探测。模拟灾难搜救环境 SLAM 实验结果如图 4.17 所示。

通过对比模拟的灾难搜救环境与模拟搜救环境试验所创建的地图可以看出,实验创建的地图能准确地反映出环境的特征,可以有效地完成搜救环境中地图创建的任务。

为了深入了解 MiniSLAM 算法的性能,利用上述数据集对 EKFSLAM 算法、FastSLAM 算法和 MiniSLAM 算法进行了比较。为了排除其他因素的影响,3 种

 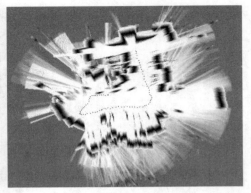

图 4.16　人工搭建模拟搜救实验环境　　图 4.17　模拟搜救环境 SLAM 试验结果

算法均在 Linux 系统下运行,所生成的地图采用相同的分辨率。表 4-2 所列为 3 种算法处理一次扫描时间比较结果。

表 4-2　不同算法处理一次扫描时间比较

处理一次扫描点 描时间/(ms)　　个数 算法	120	521	756
EKFSLAM	123	543	871
FastSLAM	140	320	460
MiniSLAM	70	72	73

由表 4-2 可知,MiniSLAM 算法处理一次扫描的时间小于激光测距仪的采样时间(100ms),能够满足实时性的要求。MiniSLAM 算法与其他两种算法相比,处理一次激光扫描点集的时间最短,并且不会随扫描点的数量变化而大幅度波动。因此,MiniSLAM 算法在搜救环境下具有最好实时性。

参 考 文 献

[1] 秦永元,张洪钺,汪叔华. 卡尔曼滤波与组合导航原理[M]. 西安:西北工业大学出版社,2002.

[2] 朱志宇. 粒子滤波算法及应用[M]. 北京:科学出版社,2010.

[3] 王海涛. 水下机器人自主导航算法的研究[D]. 中国海洋大学,2014.

[4] 张共愿,赵忠. 粒子滤波及其在导航系统中的应用综述[J]. 中国惯性技术学报,2006,(06): 91-94.

[5] 鲍菁丹. 室内未知环境下几何地图构建及机器人定位方法研究[D]. 天津大学,2007.

[6] 王超杰,苏中,连晓峰,等. 搜救环境中仿生蛇形机器人 SLAM 方法研究[J]. 计算机工程与设计, 2015,36(8):2098-2102.

第5章
仿生蛇形机器人路径规划

随着科学技术的不断发展,搜救机器人将广泛地应用于地震、火灾等各种灾害救援中,灾害救援对其智能化、自主化的要求也必然越来越高。路径规划是提高搜救机器人智能化、自主化的一项关键技术,因为搜救机器人大部分任务的实现都需要路径规划,所以研究可行、适用、实时的路径规划方法是实现搜救机器人智能化、自主化的重要环节。路径规划包括环境模型建立、路径规划算法两部分。环境建模是路径规划的基础,算法是路径规划的核心,因此,高效、准确、实时的路径规划算法至关重要。

5.1 路径规划算法的研究现状

路径规划是指机器人在存在障碍物的环境中,如何以最小的代价选择一条恰当的,并且使其无碰撞地从起始点到达目标点的有效路径。路径规划技术是实现搜救机器人自主导航的一项关键技术,研究高效、适用、实时的路径规划方法是实现机器人自主化、智能化的重要环节。随着科学技术的不断发展,机器人现在越来越多地应用在生活中的各个领域,自主性越来越高,几乎机器人每项任务的实现都涉及路径规划技术,对于机器人路径规划问题的研究关注度正在逐年上升。

5.1.1 路径规划算法分类

路径规划是指机器人在存在障碍物的环境中,如何以最小的代价选择一条恰当的,并且使其无碰撞地从起始点到达目标点的有效路径,其主要包括环境模型建立、路径规划算法两部分,环境建模是路径规划的基础,算法是路径规划的核心。机器人路径规划对鲁棒性、实时性和准确性要求很高,因此,高效、准确、实时的路径规划算法至关重要。路径规划结果的质量,不仅影响搜救机器人动作的准确性、实时性,而且也间接影响着搜救机器人的工作效率,所以较优的路径规划算法可以较快地规划出能够避开障碍物、光滑流畅的路径。

路径规划算法分类方法很多,可以根据不同的方式分类。依据机器人获取环境信息的能力将其分为全局路径规划算法和局部路径规划算法;依据路径规划算法的复杂程度将其分为传统路径规划算法和智能路径规划算法;依据路径规划过程中是否需要环境建模将其分为基于行为的路径规划算法和基于环境模型的路径规划算法,路径规划算法分类方式如图5.1所示。

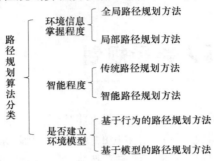

图5.1 路径规划算法分类

在不同应用场合中,需要根据机器人获取环境信息的能力、路径规划算法的复杂程度、是否需要环境建模等条件来选取合适的路径规划算法,通常需要针对具体的路径规划问题进行分析后,将路径规划算法进行优化和融合来提高其对不同环境的适应能力。

5.1.2 最优路径评价标准

搜救机器人路径规划的最终目的是在尽可能保证路径规划实时性的前提下,能够规划出一条高效、适用、实时的最优路径,使机器人从起始点无碰撞地到达目标点的最优路径。因此,评价搜救机器人规划出的路径是否有效,要满足以下标准。

1)高效

搜救机器人规划出来的路径必须是一条有效避开障碍物、能够准确地引导搜救机器人从起始点无碰撞地移动到目标点的路径。

2)适用

搜救机器人规划出来的路径必须是一条光滑、平缓的路径。

3)实时

搜救机器人规划出来的路径必须满足实时性的要求,如果搜救机器人因为某种原因偏离了之前已经规划好的路径,保证搜救机器人在运动过程中能够在短时间内重新规划出一条高效的路径。

5.1.3 路径规划算法

国内外众多科研人员对机器人路径规划问题进行了研究,提出了很多路径规划算法,包括拓扑法、可视图法、栅格法、人工势场法、模糊逻辑算法、遗传算法、蚁群算法、神经网络算法、粒子群算法、A*算法等路径规划算法等,本小节将从路径规划算法智能程度的分类角度,对传统路径规划算法和智能路径规划算法进行阐述。

1. 传统路径规划算法

1) 拓扑法[1]

拓扑法是通过机器人感知其工作环境中的关键位置作为节点,将机器人工作空间简化为一张拓扑图,然后在其中规划起始点到目标点的拓扑路径,最终得到最优路径。拓扑图如图5.2所示。

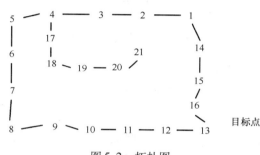

图 5.2 拓扑图

该方法的优点是其复杂性只与障碍物数量成正比,可以通过拓扑地图有效缩小路径搜索空间、降低建模时间和减小存储空间,使机器人能够快速完成路径规划。其缺点是在路径规划的过程中不能对机器人进行精确定位、灵活性较差。由于建立拓扑网络的过程非常复杂,导致拓扑网络不易维护,尤其是当机器人的工作环境中出现两个或两个以上相似的节点时,采用该方法将无法对相似的节点进行有效区分,从而导致路径规划失败,因此其只适用于障碍物分布稀疏的场合。

2) 可视图法[2]

可视图法的原理是把机器人路径规划的问题转化成在可视图的可视直线中寻找从起始点到达目标点的最短距离的问题,因此该方法的关键是如何构造可视图的连通图,首先将机器人视为一个质点,然后将其障碍物各个顶点、起始点、目标点用直线组合连接,在连接过程中需要保证这些连线均不能穿越障碍物,连接的同时也可以通过删除没必要的连线来简化可视图,这样可以加快路径的搜索速度,最后便形成了可视图。环境的可视图如图5.3所示。

该方法的优点是在路径规划过程中,在没有机器人精确位置信息的情况下,只需要较短的环境建模时间和较少的数据存储空间,就可以使其快速完成路径规划。其缺点是缺乏灵活性,因为可视图不是固定不变的,如果机器人的起始点、目标点和障碍物发生改变,需要根据变化后的位置重新构造可视图,因而导致路径搜索时间较长。同时该方法需要在机器人路径规划之前获得其所在工作环境中所有障碍物的位置和形状后才能构造可视图,因此其不能在障碍物形状和位置未知的场合下进行路径规划。

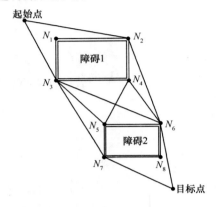

图5.3 环境的可视图

3）栅格法[3]

在使用栅格法对机器人进行路径规划之前,首先需要根据机器人的起始点、目标点和障碍物的形状与位置来确定要规划的区域。其次使用大小相同的栅格单元,将机器人工作空间划分成规则的二维栅格,这些栅格形成的连通区域便构成栅格地图,栅格地图如图5.4所示。然后,根据栅格是否包含障碍物,将栅格划分为障碍栅格和自由栅格,并将这些环境信息保存到栅格数组中。最后规划出一个连续的自由栅格序列,其可以使机器人从起始点到达目标点,并将这个序列的栅格序号转换成机器人所在工作空间的物理坐标,这样机器人便得到了一条从起始点到达目标点的物理路径。

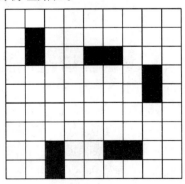

图5.4 栅格地图

采用该方法对机器人进行路径规划的过程中,栅格大小的选取是关键,因为当选择较小的栅格对机器人工作空间进行划分时,机器人工作空间的分辨率就会变高,相应的导致环境信息量就会增加,最终影响机器人路径规划的效率。同样,当选择较小的栅格对机器人工作空间进行划分时,机器人工作空间的分辨率就会变低,相应的导致环境信息量就会减少,最终影响机器人路径规划的质量。

该方法的优点是简单且易于实现,其可以处理任意形状的障碍物并且可扩展到三维空间。一般只要栅格区域中存在着从起始点到目标点的有效路径,则一定可以规划出最优路径。该方法的缺点是在物理工作空间进行划分时的栅格密度不好控制,即若选取密度较小,将使计算复杂度增加,导致无法将真实环境进行准确表示,因此其对工作空间的大小有要求,如果区域太大将使栅格的数量增加,导致路径搜索能力下降,最优路径质量也会受到影响。另外栅格法生成的路径不够平滑,且平滑性与栅格密度成正比。

4)人工势场法[4]

人工势场法是将机器人的运动抽象为在人工势场中合力作用下的运动,即目标点在引力场的作用下对机器人施加引力,障碍物在斥力场的作用下对机器人施加排斥力,因此在引力与斥力的共同作用下便形成了一个虚拟的人工势场,在人工势场中移动机器人通过合力的作用下,通过搜索势函数下降的方向来规划出一条从起始点无碰撞地运动到目标点的最优路径,其示意图如图5.5所示,其中目标点产生的引力场在整个工作环境中都有效,而障碍物产生的斥力仅在其周围有效。

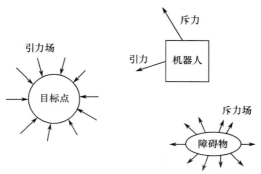

图5.5　人工势场示意

该方法的优点是结构简单、收敛速度快、实时性较好并且规划的路径比较平滑。其缺点是存在局部最优解,容易导致机器人在到达目标点之前就停滞在局部最优点处,同时当机器人穿越狭窄通道或者运动到障碍物附近时,会导致路径规划失败,而且当目标点周围有障碍物时机器人将不可能到达目标点。

2.智能路径规划算法

随着智能路径规划算法的不断发展与完善,其展现出了越来越强大的生命力,其在机器人路径规划问题中已经受到了广泛关注,这些算法以及算法之间相互的交叉融合方法,使得机器人的路径规划越来越灵活,越来越智能化。

1)模糊逻辑算法

模糊逻辑算法是根据人类的驾驶经验产生的,即人在模糊环境中行驶时可以完成转弯、直行、避障等操作。该算法的基本原理是机器人在进行路径规划的过程中,将传感器感知的实时环境信息进行模糊化,并依据约束条件和参考经验通过查询规则知识库来完成局部路径规划。在路径规划过程中其不需要精确的计算环境信息,这一点充分体现了该算法在处理不确定、不完整信息方面的优越性,模糊逻辑算法流程如图5.6所示。

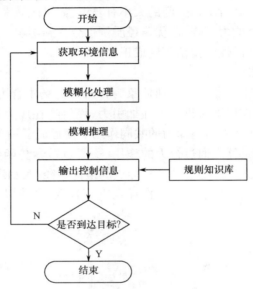

图 5.6　模糊逻辑算法流程

该算法的优点是实时性、鲁棒性较好,避免了局部极值问题,适合在动态环境下进行路径规划。缺点是复杂度与障碍物数量成正比,当输入量较多时,会造成规则库或模糊表急剧膨胀。模糊规则难以建立,灵活性较差,虽然推理结果与人的思维比较契合,但是其主要依靠经验法、试凑法来设计模糊隶属度函数和制定模糊控制规则,因此该算法没有学习和自适应能力,模糊判断需要较多的先验知识。

2)遗传算法

遗传算法以生物进化理论中的自然选择、群体遗传学为基础,来模拟自然界的生物进化过程的智能全局随机搜索算法。其基本原理:在路径规划的过程中把每一个路径解视为种群中的一个个体,所有个体组成种群,通过计算个体适应度并对种群进行选择、交叉、变异等遗传操作,同时进行适者生存、优胜劣汰的自然选择操作,逐渐得到优于上代的下代种群,经过反复迭代后种群会进化到最优状态,最终得到最优路径。遗传算法流程如图 5.7 所示。

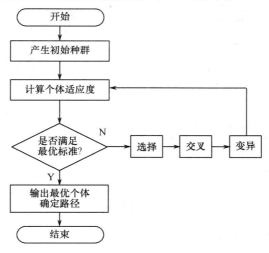

图 5.7　遗传算法流程

该算法的优点是鲁棒性较好,适于并行处理,具有优良的全局寻优能力,而且能有效地解决复杂的非线性优化问题。缺点是算法比较繁琐,收敛速度慢,实时性较差,运算效率不高,在搜索过程中容易陷入局部最优。

3) 蚁群算法

蚁群算法是一种寻找最优路径的概率型算法,其模拟了自然界中蚂蚁在觅食过程中逐渐发现最短路径的行为,路径搜索过程主要包括信息素积累和蚂蚁协作两部分。在信息素积累阶段,各个可行解根据累积的信息素不断调整自身运动情况的过程,即蚂蚁不断选择从信息素浓度较高的路径上经过,产生一种正反馈,使得该路径上的蚂蚁留下的信息素浓度越来越高,相反信息素浓度低的路径上,蚂蚁选择它的概率就会越来越小,随着时间推移,这条路径就会被淘汰。在蚂蚁间协作阶段,可行解相互间不断进行信息交流以产生更好的解。蚁群算法流程如图 5.8 所示。

该算法的优点是收敛速度快,鲁棒性较好,具有正反馈机制和高度并行性,并且易与其他算法进行结合来提高搜索效率。缺点是容易陷入局部最优,当求解问题规模比较大时导致求解时间较长,同时其规划出的最优路径通常带有尖峰和折线。

4) 神经网络算法

神经网络算法是一种分布式并行信息处理的算法,其基本原理是将机器人的传感器采集的数据作为神经网络的输入信息,经过神经网络并行处理后,以当前期望的运动方向的角增量作为输出,来控制机器人在移动过程中避开障碍物,并最终顺利到达目的地。神经网络算法流程如图 5.9 所示。

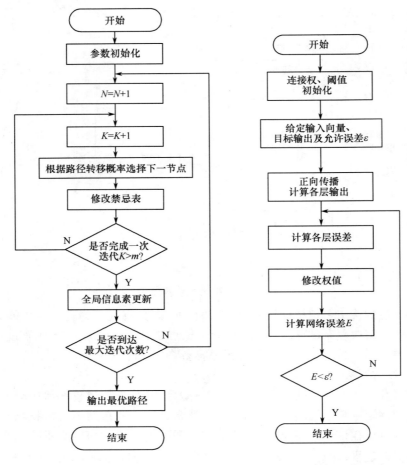

图 5.8　蚁群算法流程　　　　图 5.9　神经网络算法流程

　　该算法的优点是计算简单,有较强的学习能力和并行处理效率,适用于动态避障问题。缺点是容易陷入局部最优,收敛速度慢,环境改变后必须重新学习,使其在环境信息经常改变或者不完整的情况下难以应用。

　　5)粒子群算法

　　粒子群算法是一种基于群智能的、自适应的仿生随机寻优方法,其模拟了自然界中鸟群觅食过程中逐渐搜索到最短路径的行为,具有进化算法的特点。该算法将鸟类和鸟群位置分别抽象为没有体积与质量的粒子和粒子群,并且将鸟类消息和栖息地位置作为粒子群进化中的最优解和全局最优解,而鸟群从一个地方飞到另一个地方相当于解群的进化。粒子群算法流程图如图 5.10所示。

　　该算法的优点是结构简单易于实现,收敛速度快,不容易陷入局部最优值。缺点是没有比较系统的数学基础。

6）A*算法

A*算法是一种启发式搜索算法,其原理是通过不断地搜索与逼近目标点来获得一条可行路径。该算法拥有很高的路径搜索效率,其只需要搜索问题的部分状态空间,就可以降低问题复杂度,省略大量无用的搜索路径。A*算法流程图如图5.11所示。

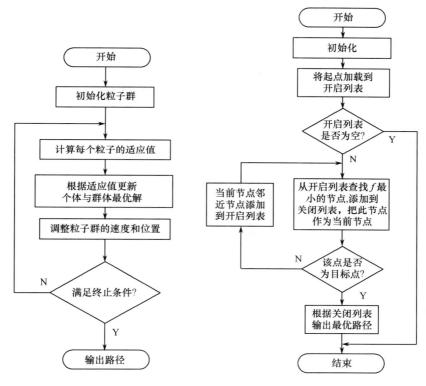

图5.10　粒子群算法流程　　　　图5.11　A*算法流程

该算法的优点是简单、迅速且启发式搜索很有针对性,拥有很高的路径搜索效率。缺点是其只适合于环境信息已知、工作空间比较简单的场合中,规划的路径在大多数情况下与障碍物边缘相碰撞,并与障碍物的顶点相交。表5-1给出了路径规划方法的对比分析。

表5-1　路径规划方法对比分析

分类	路径规划方法	优点	缺点
传统路径规划方法	拓扑法	环境建模时间短,占用存储空间小,可以快速实现路径规划	无法达到机器人准确定位,灵活性差,适用于障碍物稀疏环境
	可视图法	可简化视图,环境建模时间和占用存储空间相对较小	灵活性差,对环境依赖性强

分类	路径规划方法	优点	缺点
传统路径规划方法	栅格法	简单易于实现，可扩展性好	不宜控制栅格密度
	人工势场法	结构简单，实时性好	易于陷入局部最优问题，导致路径规划失败
智能路径规划方法	模糊逻辑算法	实时性好，可避免局部最小值	模糊规则较难以建立，灵活性较差
	遗传算法	适于数据并行处理	收敛时间较长，实时性差
	蚁群算法	收敛速度快，正反馈机制和高度可并行处理，兼容性强	易于陷入局部最优，搜索时间长，路径存在尖峰和折线
	神经网络算法	学习能力强，并行处理效率高	收敛速度慢，对环境依赖性强
	粒子群算法	结构简单，收敛速度快	没有较系统的数学模型
	A*算法	拥有很高的路径搜索效率	容易接触障碍物顶点

5.2 搜救机器人路径规划算法研究

国内外路径规划算法种类较多，各类算法均有其优、缺点，在实际应用中都不能很好地解决搜救机器人的路径规划问题，而这就对搜救机器人最优路径规划算法提出了较高的要求，经过分析搜救机器人的特点和各类路径规划算法的优、缺点，采用 A*蚁群算法结合的路径规划方法来研究搜救机器人最优平滑路径规划问题。

5.2.1 A*算法

1. A*算法原理

A*算法简单、迅速且启发式搜索很有针对性，拥有很高的路径搜索效率，可达到缩小范围、降低问题复杂度的目的，是一种非常有效的路径规划算法[5]。

在搜救机器人路径规划过程中，下一时刻需要经过的节点是通过评价函数来决定的，因此搜救机器人需要实时计算其相邻节点的评价函数，选择评价函数值最小的节点作为下一时刻需要到达的位置来不断地逼近目标点，最终获得最优路径。评价函数通过实际代价和估计代价两个方面来评价节点，评价函数为

$$f(n) = g(n) + h(n) \tag{5.1}$$

式中：$f(n)$ 为工作空间中节点 n 的评价函数，在路径规划过程中表示搜救机器人在节点 n 处所消耗的总代价；$g(n)$ 为搜救机器人在工作空间中从起始点移动到节点 n 所消耗的实际代价；$h(n)$ 为搜救机器人在工作空间中从节点 n 移动到目标点所消耗的估计代价，它体现了搜索的启发式信息，因此在评价函数中的作用尤其主要。

评价函数的正确选取将直接关系到 A*算法是否成功，函数的确定与实际

情况有着密切关系,因此启发函数的选择是关键,一个不恰当的启发式函数将导致 A* 算法路径规划的质量下降,估计值与实际值越接近,则说明启发函数选得越恰当。评价函数 $f(n)$ 在 $g(n)$ 值一定的情况下会受到估计值 $h(n)$ 的制约,即待选节点距离目标点的距离越近则 $h(n)$ 的值就越小,所以 $f(n)$ 的值相对就越小,因此其能保证在搜索最短路的过程中始终朝向目标点的方向前行。

A* 算法的实现依靠开启、关闭两个列表,开启列表中保存的是一个待检查节点的列表,路径可能会通过它保存的节点,关闭列表中保存的是已经被访问过的节点。首先将起始点相邻的并且可以被访问的节点保存在开启列表中,它们在列表中根据评价值从小到大的顺序进行排序,因为评价值最小的节点是第一个节点,所以列表中只有第一个节点是将要访问的节点。然后如果其相邻的节点是最佳节点,则把这个节点保存到关闭列表,同时把将这个节点作为父节点的相邻可选节点添加到开启列表,继续选择直到搜索的目标点位置。

假设机器人从起始点 A 点移动到目标点 B 点,A* 算法搜索区域如图 5.12 所示,其中 A 为起始点,B 为目标点,中间为障碍物。

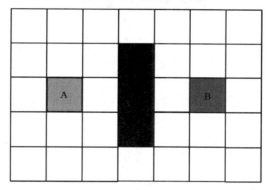

图 5.12　A* 算法搜索区域

通过栅格法对机器人工作区域进行划分,将工作空间简化成一个二维栅格,通过栅格数组对每个栅格进行编号,并保存其环境信息,环境信息可表示起始点、目标点、障碍物和自由区域。通过 A* 算法从起始点 A 开始依次检查其相邻节点,然后持续向外扩展直到搜索目标点 B 为止,A 点至 B 点所经过的栅格就是 AB 之间的路径。首先把 A 点作为待处理点保存到开启列表,然后在忽略包含有障碍物节点的情况下,寻找与 A 点相邻的所有可选节点并将其添加到开启列表中,同时将 A 点作为这些节点的父节点,最后从开启列表中删除点 A 并将其添加到关闭列表中。此时应该形成图 5.13 所示的结构,图中起始点 A 的所有相邻节点均保存在开启列表中,每个相邻节点都指向其父节点 A。

A* 算法的路径规划过程就是通过循环遍历开启列表中的节点,并根据式(5.1)在开启列表中选择评价函数 $f(n)$ 值最小的那个节点完成的,评价函数

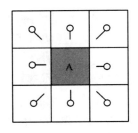

图 5.13　初始选择

$f(n)$ 的值为起始点到当前点的实际代价 $g(n)$ 和当前点到目标点的估计代价 $h(n)$ 的代数和。一般通过选取父节点的 $g(n)$ 值来计算当前节点移动到相邻节点的 $g(n)$ 值，假设节点朝水平、垂直方向移动的消耗均为 10，朝对角线方向移动消耗为 14，根据当前节点相对于父节点的朝水平方向、垂直方向和对角线方向移动，$g(n)$ 值分别增加 10、10 和 14。$h(n)$ 的值可以利用不同的方法进行估算，采用曼哈顿方法对 $h(n)$ 进行估算，其原理是在忽略所有障碍物的前提下，计算从当前节点到目标点之间水平、垂直节点数量的总和，然后再把节点数量乘以 10 便可得到 $h(n)$ 的值。初始搜索结果如图 5.14 所示，每个栅格里都列出了 $f(n)$、$g(n)$ 和 $h(n)$ 的值，如起始点 A 右侧的栅格所示，其左上角为 $f(n)$ 的计算结果，其左下角为 $g(n)$ 的计算结果，其右下角为 $h(n)$ 的计算结果。

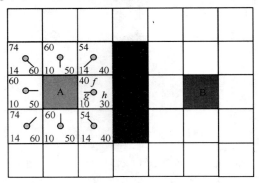

图 5.14　初始搜索结果

由图 5.14 可知，在起始点 A 右侧的栅格中，由于它在水平方向上距离起始点 A 只有一个栅格，所以该节点的 $g(n)$ 值为 10，同理，与起始点 A 水平、垂直方向相邻的节点的 $g(n)$ 的值均为 10，与起始点 A 对角线方向相邻的节点的 $g(n)$ 的值都是 14。同时，通过曼哈顿距离估算起始点 A 右侧节点到目标点 B 的 $h(n)$ 的值为 30，因为此节点距离目标点 B 一共有 3 个节点，将节点数量乘以 10 就可以得到 $h(n)$ 的值。每个栅格的 $f(n)$ 的值是 $g(n)$ 和 $h(n)$ 的代数和。

为了继续进行搜索，从开启列表中选择 $f(n)$ 值最小的节点，并将起始点 A 从开启列表中删除，然后将其添加到关闭列表中。在忽略已经保存在关闭列表中或不可通过的节点的前提下,对其所有相邻节点进行判断。如果其不存在于开启列表中,就将其添加到开启列表中,并将当前选定的节点作为新增节点的父节点;如果某个相邻节点已经存在开启列表中,就检查有没有相对这个节点更好的路径,即如果从当前选中节点移动到相邻节点是否有 $g(n)$ 值更小的路径存在,如果没有将不进行任何操作;相反,如果存在 $g(n)$ 值更小的路径,就将该相邻节点的父节点重设为当前选中节点,并且改变其指针的方向,重新计算相邻方格的 $f(n)$ 和 $g(n)$ 值。

在最初,开启列表中共保存了 9 个节点,在起始点 A 被保存到关闭列表之后,开启列表中还剩下 8 个可选节点。在这 8 个节点中,起始点右侧节点的 $f(n)$ 值是最小的,因此选择这个节点作为下一个要处理的节点,选择最佳结果如图 5.15 所示。

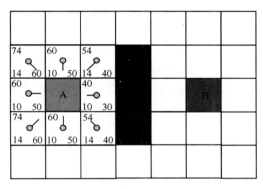

图 5.15   选择最佳结果

将起始点 A 右侧的节点从开启列表中删除,保存到关闭列表,然后搜索其相邻的节点,因为右侧 3 个节点包含障碍物并且起始点 A 已经保存在关闭列表中,所以其相邻可选的节点只剩下 4 个,这 4 个节点已经保存在开启列表中了,于是通过计算 $g(n)$ 值来判定,即判断是否起始点 A 通过其右侧的节点到达其相邻的 4 个节点时路径是否更好。选中起始点 A 的右上角的节点,它当前的 $g(n)$ 值是 14,如果起始点 A 经过其右侧的节点再到其右上角的节点,$g(n)$ 值会变成 20,即起始点 A 移动到右侧节点时 $g(n)$ 值为 10,再向上移动一个节点到达其上方的节点,此时值变为 20。显然,从起始点 A 沿对角方向移动比先水平再垂直移动更直接,因此这样的路径不会更好。按此方法依次检查其相邻的 4 个节点,因为经过当前节点到达这 4 个节点不存在 $g(n)$ 值更小的路径,所以保持目前的状况不变。现在开启列表中剩下 7 个节点,继续搜索开启列表,仍然选择 7 个节点中 $f(n)$ 值最小的,但是目前有两个节点的 $f(n)$ 值相同,通常选择最后添加到开启列表中的节点,这样可以加快路径搜索速度,这里选择了起始点 A 右下方的节点,选择 $f(n)$ 最小值如图 5.16 所示。

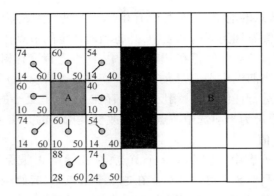

图 5.16　选择 f 最小值

继续检查该节点的相邻节点,因为其右侧和右上方的节点包含障碍物、上方和左上方在关闭列表中,并且不能穿越障碍物,所以忽略障碍物下面的节点,因此当前节点只剩下 3 个可选的相邻节点。由于当前节点下方两个节点不在开启列表中,于是将这两个节点添加到开启列表中,并把当前节点作为这两个节点的父节点,同样需要判断通过这条路径 $g(n)$ 值是否最小。重复以上操作,直到目标点被添加到开启列表中,如图 5.17 所示。

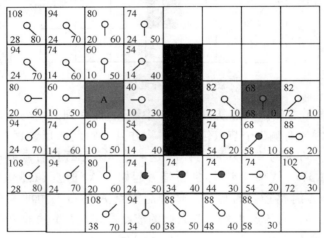

图 5.17　继续搜索

由图 5.17 可知,起始节点下方第二个节点的值已经发生了变化,起初其 $g(n)$ 值是 28 并且指向该节点右上方的节点,现在在该节点的 $g(n)$ 值为 20,并指向了它上方的节点,这个现象是由于在路径搜索过程中检查 $g(n)$ 值时发现了新路径导致的,所以其父节点被重置并且重新计算了 $g(n)$ 值和 $h(n)$ 值。

从目标点 B 开始沿着每个节点的指针移动,依次找到它们的父节点,最终达起始节点 A 就完成了路径规划,路径规划结果如图 5.18 所示。

110

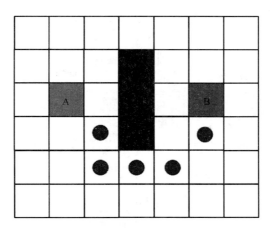

图 5.18　路径规划结果

2. A*算法流程

A*算法的实现步骤如下：

（1）利用栅格法对工作空间进行环境建模，并对环境信息进行初始化。

（2）构造开启列表和关闭列表，将工作空间的起始点的信息添加到开启列表中，此时在开启列表中只包含起始节点，即 $f(n)=h(n)$。

（3）查找开启列表，若得到开启列表中没有可选节点则路径规划失败，返回第（2）步继续寻找工作空间中路径规划的起始节点；若开启列表中已经添加了路径规划的目标节点，则执行第（5）步操作。

（4）将当前节点的邻近节点添加到开启列表中，利用评价函数计算开启列表中可选节点的 $f(n)$ 值，并查找其中 $f(n)$ 值最小的节点，然后把这个最佳节点保存到关闭列表中，并将其作为当前节点，进行下一步操作。

（5）根据评价函数判断最佳节点是否为工作空间的目标点，如果是工作空间的目标点，那么执行第（6）步操作；如果不是工作空间的目标点，则把当前节点的邻近节点添加到开启列表中，进行第（4）步操作。依次循环，直至找到工作空间的目标点。

（6）根据关闭列表输出规划出的最优路径。

A*算法路径规划流程如图 5.19 所示。

5.2.2　蚁群算法

1. 蚁群算法原理

1）算法概述

蚁群算法是一种随机搜索的算法智能仿生算法，该算法模仿自然界中蚂蚁在觅食过程中逐渐发现最短路径的行为，其路径规划过程主要包括信息素积累和蚂蚁协作两部分。信息素可视为蚂蚁间进行信息交互的介质，蚂蚁通过在所

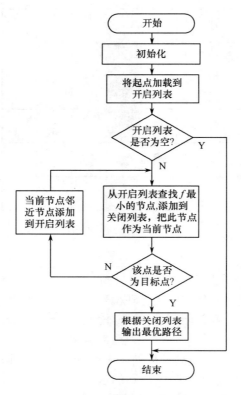

图 5.19 A*算法路径规划流程

走路径上释放和感知信息素的浓度来交互信息,通过信息素的交互使得蚂蚁倾向于从信息素浓度较高的路径上经过,形成正反馈机制,使得该路径上的信息素浓度继续提高;相反,信息素浓度较低的路径被蚂蚁选择的概率就会变小,经过一段时间这条路径将会被淘汰。在蚂蚁间的协作阶段,可行解相互间不断进行信息交流以产生更好的解。

图 5.20 说明了蚂蚁在寻找食物的过程中逐渐形成最优路径的过程,假设一共有 50 只蚂蚁需要从起始点 A 移动到目标点 E,当蚁群移动到交叉口 B 时,可以通过两条路径到达 E 点,即分别经过点 C、D 到达 E 点。开始时刻,蚁群通过 BC、BD 到达 E 点的概率是相同的,两条路径上的蚂蚁数量均为 25 只。由于 BD 路径比 BC 路径距离要短一些,因此 BD 路径上的蚂蚁能快速到达目标点 E,所以 BD 路径上的信息素更新较快,从而信息素浓度高于 BC 路径。当蚁群下次经过 B 点时,由于信息素浓度的差异,导致大部分蚂蚁会选择从 BD 路径到达 E 点,经过一定的时间这种趋势会加强,当再次经过 B 点时选择 BD 路径的概率会更大,因此绝大部分蚂蚁会选择 BD 到达 E,从而获得最优路径。

蚁群在寻找食物的过程中,通过在环境中释放并且感知信息素来完成蚁群

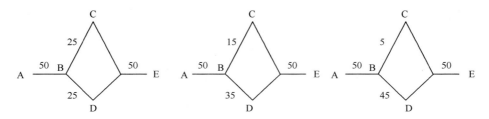

图 5.20　最优路径选择

间的信息交互,其根据状态转移概率进行运动。转移概率以信息素浓度以及启发式信息作为启发因子,蚂蚁会向着信息素浓度较高的路径上运动,即路径被选中的概率与该路径上的信息素浓度成正比,形成正反馈机制使得该路径上的信息素浓度继续提高,所以蚂蚁选择该路径的概率也就越大,最终形成一条从起始点无碰撞地移动到目标点的路径。蚂蚁在根据转移概率移动的过程中是以一个较小的概率随机选择一个方向进行移动;否则会导致蚁群陷入局部最优状态,同时利用禁忌表数组存储蚂蚁已经走过的路径节点,以防止其在已经走过的路径上移动。当蚂蚁附近有障碍物时,蚂蚁朝障碍物的方向移动的状态转移概率为零,从而实现避障。蚂蚁每移动一步或者到达终点后都需要更新已走路径上的信息素浓度,前者称为局部信息素更新,后者称为全局信息素更新,此外各个路径上的信息素浓度也会随着时间的递增而逐渐降低。

2) 状态转移概率

假设蚁群中蚂蚁数量为 m,栅格地图中节点的数量为 n,当前时刻蚁群中第 $k(k=1,2,3,\cdots,m)$ 只蚂蚁位于栅格地图上节点 $i(i=1,2,3,\cdots,n)$ 处,蚂蚁 k 根据状态转移概率进行移动,状态转移概率以路径节点上的信息素浓度及其他启发式信息作为启发因子来选择下一个路径节点 $j(j=1,2,3,\cdots,n)$,状态转移概率可按式(5.2)计算,即

$$p_{ij}^{k}(t) = \begin{cases} \dfrac{\tau_{ij}^{\alpha}(t)\eta_{ij}^{\beta}(t)}{\displaystyle\sum_{s \in \text{allowed}_k} \tau_{is}^{\alpha}(t)\eta_{is}^{\beta}(t)}, & j \in \text{allowed}_k \\ 0, & \text{其他} \end{cases} \tag{5.2}$$

式中:$p_{ij}^{k}(t)$ 为在 t 时刻蚂蚁 k 从节点 i 选择节点 j 的概率;$\tau_{ij}(t)$ 为在 t 时刻路径 (i,j) 上的信息素浓度,起始时刻其为常量,即 $\tau_{ij}(0) = C$;$\eta_{ij}(t)$ 为启发函数,即路径 (i,j) 的能见度,则反映了蚂蚁由节点 i 转移到节点 j 的启发程度,通常情况下该值取为节点 i 到节点 j 的距离的倒数,即 $\eta_{ij}(t) = 1/d_{ij}$,d_{ij} 表示两个节点之间的距离,其值越小 $\eta_{ij}(t)$ 的值越大,则转移概率 $p_{ij}^{k}(t)$ 越大;α 为信息启发式因子,$\alpha > 0$,则反映了在蚂蚁路径搜索过程中,信息素浓度对节点选择所起的相对作用。信息启发式因子的值越大,蚂蚁越倾向于选择多数蚂蚁走过的路径,但是会导致路径搜索的随机性减弱;β 为期望启发式因子,$\beta > 0$,则反映了在蚂蚁路

径搜索过程中,启发信息 η_{ij} 对节点选择所起的相对作用。期望启发式因子的值越大,蚂蚁越容易在某个局部点上选择局部最优路径,容易陷入局部最优。

为了防止蚂蚁在其走过的路径上重复移动,可以利用禁忌表 tabu_k 存储当前时刻蚂蚁 k 已经走过的路径节点,并将其中所有节点的概率设为 0,在本次循环结束之前可防止蚂蚁 k 行走过程中再次经过相同的节点。当一次循环结束后,禁忌表中的节点序列就是蚂蚁 k 当前所得到的一个较优解,同时可根据禁忌表中存储节点的信息计算蚂蚁 k 行走的路径长度。之后,清空禁忌表中的节点序列,蚂蚁 k 进行新一轮的节点选择。

$\mathrm{allowed}_k = C - \mathrm{tabu}_k$,表示蚂蚁 k 在 t 时刻下一步可以选择的节点集合,C 表示蚂蚁 k 在当前节点处周围可选节点的集合,若当前节点在边界上或者其周围存在包含障碍物的节点,可以删减一些不必要的节点,其中 $\mathrm{allowed}_k$、C 和 tabu_k 随着蚂蚁的移动需要进行动态调整。

3)信息素更新

为了避免路径上信息素浓度被遮盖,各条路径上的信息素浓度经过一段时间的积累后需要进行及时更新,信息素可由式(5.3)进行更新,即

$$\begin{cases} \tau_{ij}(t+1) = \rho\tau_{ij}(t) + \Delta\tau_{ij}(t,t+1) \\ \Delta\tau_{ij}(t,t+1) = \sum_{k=1}^{m} \Delta\tau_{ij}^{k}(t,t+1) \end{cases} \tag{5.3}$$

式中:$\tau_{ij}(t+1)$ 为本次循环结束后最短路径 (i,j) 上的信息素总量;ρ 为信息素挥发系数,反映了蚂蚁间相互作用程度的强弱。通常 $\rho \in (0,1)$,其对蚁群算法的全局搜索能力、收敛速度有很大影响,即当 ρ 较大时,算法的全局搜索能力降低,在路径搜索过程中没有或很少被搜索到的路径上的信息素浓度将很快衰减到零,这将使得在以后的路径搜索过程中很难再次搜索到这些路径。相反,当 ρ 较小时,虽然提高了算法的全局搜索能力,但是收敛速度将相对变慢。可见,信息素挥发系数 ρ 可以调节算法的全局搜索能力和收敛速度。$\Delta\tau_{ij}(t,t+1)$ 为路径 (i,j) 上的信息素浓度在本次循环中的增量,初始时刻 $\Delta\tau_{ij}(t,t+1) = 0$;$\Delta\tau_{ij}^{k}(t,t+1)$ 为蚂蚁 k 在时刻 $(t,t+1)$ 内留在路径 (i,j) 上的信息素增量,蚂蚁经过的路径越短留下的信息素就越多;m 为蚂蚁数量,在路径规划中既需要单只蚂蚁的搜索,也需要蚂蚁间的相互合作,因此蚂蚁数量较多时,算法的全局搜索能力增强,但是如果蚂蚁数量过多,会导致各路径上的信息素浓度的差异相对减小,进而正反馈作用减弱,并且使收敛速度变慢。相反,如果蚂蚁数量较少时,虽然收敛速度较快,但是算法的全局搜索能力会明显降低。

信息素更新机制主要有蚁周、蚁量和蚁密 3 种模型,蚁周模型为

$$\Delta\tau_{ij}^{k}(t,t+1) = \begin{cases} Q/L_k, & \text{第 } k \text{ 只蚂蚁本次循环中经过}(i,j) \\ 0, & \text{其他} \end{cases} \tag{5.4}$$

蚁量模型为

$$\Delta\tau_{ij}^{k}(t,t+1) = \begin{cases} Q, & \text{第 } k \text{ 只蚂蚁本次循环中经过}(i,j) \\ 0, & \text{其他} \end{cases} \qquad (5.5)$$

蚁密模型为

$$\Delta\tau_{ij}^{k}(t,t+1) = \begin{cases} Q/d_{ij}, & \text{第 } k \text{ 只蚂蚁本次循环中经过}(i,j) \\ 0, & \text{其他} \end{cases} \qquad (5.6)$$

式中:Q 为信息素强度,其大小对算法的收敛速度有影响;L_k 为蚂蚁 k 本次循环所走路径的长度;d_{ij} 为蚂蚁 k 走过的两个节点之间的路径长度。

蚁密、蚁量两个模型采用的是局部更新机制,即蚂蚁每经过一个节点就对信息素浓度进行更新,而蚁周模型采用的是全局更新机制,即蚂蚁完成本次迭代后再更新所走路径上的信息素浓度,因此常采用该模型进行信息素更新机制。

2. 蚁群算法流程

蚁群算法的实现步骤如下。

(1)利用栅格法对工作空间进行环境建模,并对环境信息进行初始化,设置起始点 S 和目标点 G,为栅格地图中每个栅格赋值初始信息素。对算法的参数进行初始化,包括蚁群中蚂蚁的数量 m、信息启发式因子 α、期望启发式因子 β、信息素挥发系数 ρ、最大迭代次数 N_{max} 等。

(2)对迭代次数进行更新,即 $N = N + 1$,初始时刻 $N = 0$。

(3)对蚁群中蚂蚁个数进行更新,即 $k = k + 1$,初始时刻 $k = 1$。将起始点添加到蚂蚁 k 的禁忌表 $tabu_k$ 中,从起始点开始根据状态转移概率选择的节点进行移动,并将蚂蚁 k 已走过的路径节点添加到禁忌表 $tabu_k$ 中,并记录蚂蚁 k 的路径。

(4)判断是否完成一次迭代,如果完成迭代,则从此次迭代 m 只蚂蚁各自规划的路径中比较出其中的最短路径,并将这条最短路径完成全局信息素更新,则执行第(5)步。如果没有完成此次迭代继续执行第(3)步。

(5)判断是否到达最大迭代次数 N_{max},如果到达则对每次迭代的最短路径进行比较,最终输出 N_{max} 次迭代中的最优路径;否则,清空每只蚂蚁的禁忌表 $tabu_k$,返回第(2)步进行下一轮迭代,直到到达最大迭代次数 N_{max}。蚁群算法路径规划流程如图 5.21 所示。

5.2.3　融合算法

1. 融合算法原理

1)算法概述

A^* 算法拥有很高的路径搜索效率,其特点是简单、可达到缩小范围、降低问题复杂度的目的。虽然 A^* 算法能够保证搜救机器人在充满障碍物的地图中找到一条最短路径,但是在存在障碍物的实际环境中,搜救机器人使用 A^* 算法进行路径规划的效率大大下降,因为 A^* 算法规划出的路径在大多数情况下都沿

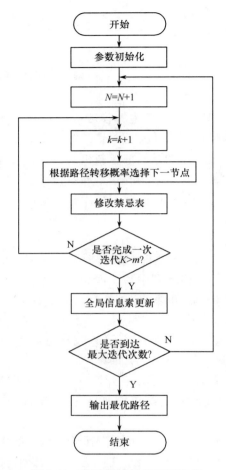

图 5.21　蚁群算法路径规划流程

着障碍物的边缘前进,并与障碍物的顶点相交,由于搜救机器人的实际工作中,其不可能沿着障碍物的边缘移动;否则机器人通过障碍物顶点时容易与障碍物发生摩擦甚至碰撞,最终导致规划出的路径并不能满足搜救机器人的实际工作需要。

　　蚁群算法收敛速度快,鲁棒性强,具有高度并行性,易与其他算法结合,但是易陷入局部最优,求解时间很长。虽然该算法规划出的路径没有沿着障碍物的边缘前进并且有效地避开了障碍物,但路径曲折并带有尖峰,导致搜救机器人在转折处一定会因为拐角而减速,最终导致搜救机器人完成任务的效率降低,因此规划出的路径并不是最优路径。同时,其也存在着路径规划时间较长的问题,无法满足搜救机器人路径规划的实时性。

　　两种算法各自存在优、缺点,如果将两种算法结合起来对搜救机器人进行路径规划,避免各自存在的缺点,在保证机器人能到达目标点的情况下,找到一条高效、适用、实时的最优路径。因此,利用 A*、蚁群算法结合的路径规划方法对搜救机器人进行路径规划,使搜救机器人规划出的最优路径不仅有效避开障碍物、光滑流畅,而且提高了搜救机器人完成任务的效率。

该路径规划方法采用栅格法对搜救机器人工作空间进行环境建模,再利用融合算法对搜救机器人进行路径规划。首先,通过 A* 算法进行全局路径规划;然后,在规划出的全局路径基础上,根据全局路径斜率的变化率查找路径上的拐点,从而确定局部特征点;其次,根据局部特征点对全局路径进行局部划分,利用蚁群算法对各局部划分进行局部路径规划;最后,采用路径平滑处理方法对各局部路径进行拟合并对其进行优化,去掉尖峰、折线。

2)环境模型建立

环境建模应该以占用存储空间少、具有可扩展性为原则,虽然栅格地图的栅格密度不好控制,密度越小,计算复杂度就越大,最终导致真实环境无法准确表示,但是栅格地图具有简单、可扩展性好的优点,所以采用栅格法对搜救机器人进行环境建模。

栅格地图模型通过使用相同大小的栅格单元,将搜救机器人物理工作空间划分为若干个规则的正方形单元。构建成栅格地图后,用一个唯一的整数标识每个栅格单元,并通过栅格数组存储搜救机器人的起始点、目标点、栅格单元标识和障碍物等环境信息,以便于搜救机器人的定位。在二维平面建立笛卡儿坐标系,水平向右为 x 轴正方向,垂直向下为 y 轴正方向,栅格地图对应关系如图 5.22 所示。

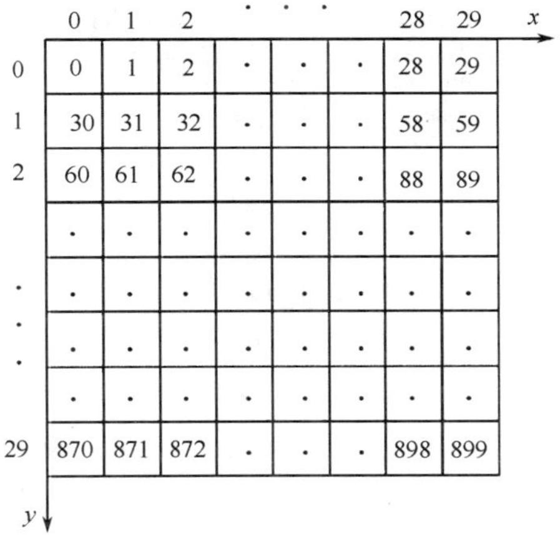

图 5.22 栅格地图对应关系

假设栅格数量为 N,其中 m 行 n 列,栅格采用二维坐标 $P(x,y)$ 表示,$x \in \{0,1,\cdots,n\}$,$y \in \{0,1,\cdots,m\}$。$S \in \{0,1,\cdots,N\}$ 表示所有栅格序号集,栅格的坐标为

$$\begin{cases} x_i = \mathrm{mod}(S_i, n) \\ y_i = \mathrm{int}\left(\dfrac{S_i}{m}\right) \end{cases} \tag{5.7}$$

在栅格地图中,根据栅格是否包含障碍物将栅格分为障碍栅格、自由栅格。障碍物采用二维坐标 $B(i,j)$ 表示($0 < i \leqslant m, 0 < j \leqslant n$),障碍物的坐标为

$$B(i,j) = \begin{cases} 1, & \text{表示栅格}(i,j)\text{存在障碍物} \\ 0, & \text{表示栅格}(i,j)\text{无障碍物} \end{cases} \tag{5.8}$$

理论上,搜救机器人在每个栅格单元上的移动方向有很多种,但考虑环境建模的复杂性,在实际运用中只定义了 8 种运动,即前、后、左、右、左前、右前、左后、右后。假设蚂蚁当前所在节点为 (i,j),则它下一时刻可能选择的节点为 $(i-1,j-1)$、$(i-1,j)$、$(i-1,j+1)$、$(i,j-1)$、$(i,j+1)$、$(i+1,j-1)$、$(i+1,j)$ 和 $(i+1,j+1)$,移动方向如图 5.23 所示,其中箭头指出了蚂蚁下一时刻可能选择的节点。

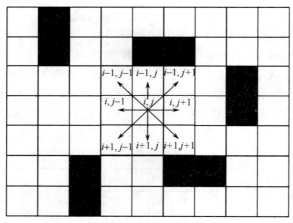

图 5.23 移动方向

为了避免路径穿过障碍物顶点,所以增加约束条件,即若栅格 $(i-1,j)$ 为障碍物,则不可选择栅格 $(i-1,j-1)$、$(i-1,j+1)$;若栅格 $(i,j+1)$ 为障碍物,则不可选择栅格 $(i-1,j+1)$、$(i+1,j+1)$;若栅格 $(i+1,j)$ 为障碍物,则不可选择栅格 $(i+1,j+1)$、$(i+1,j-1)$;若栅格 $(i,j-1)$ 为障碍物,则不可选择栅格 $(i+1,j-1)$、$(i-1,j-1)$。

3)平滑处理方法

利用贝塞尔曲线原理对最优路径上存在的尖峰、折线进行优化,通过选择可靠的控制点来调整最优路径的整体趋势,从而消除路径上的尖峰,并对折线进行平滑处理。

贝塞尔曲线是由法国工程师 P. E. Bezier 在 1962 年提出的一种参数曲线表

118

示方法,并应用于二维图形应用程序的数学曲线。该曲线由起始点、终止点和控制点表示,通过调整控制点,其形状将会发生变化。

贝塞尔曲线由该曲线控制点的个数确定,即 $N+1$ 个控制点可以定义 N 次多项式的曲线,贝塞尔曲线参数方程为

$$p(t) = \sum_{i}^{N} P_i B_{i,N}(t) \quad t \in [0,1] \tag{5.9}$$

式中:$p(t)$ 为 t 时刻下点的坐标;P_i 为第 i 个顶点的坐标值,其中 P_0 为起点,P_n 为终点,P_i 为控制点;$B_{i,N}(t)$ 为 Bernstein 多项式,定义为

$$B_{i,N}(t) = C_N^i t^k (1-t)^{N-i} \quad i = 0,1,\cdots,n \tag{5.10}$$

式中:C_N^i 为二项式系数。一阶贝塞尔曲线是一条线段,二阶贝塞尔曲线是一条抛物线,如图 5.24、图 5.25 所示。

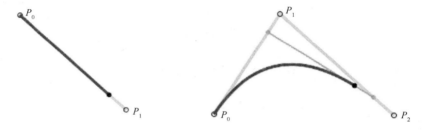

图 5.24　一阶贝塞尔曲线　　　　　图 5.25　二阶贝塞尔曲线

由以上公式可以得出 3 阶贝塞尔曲线的各点参数方程为

$$P(t) = (1-t)^3 P_0 + 3t(1-t)^2 P_1 + 3t^2(1-t) P_2 + t^3 P_3 \quad t \in [0,1] \tag{5.11}$$

3 阶贝塞尔曲线原理如图 5.26 所示。

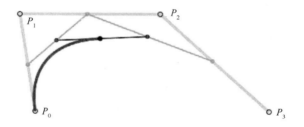

图 5.26　3 阶贝塞尔曲线原理

P_0、P_1、P_2、P_3 这 4 个点在平面中定义了 3 阶贝塞尔曲线。P_0 为曲线起点,P_3 为曲线终点,P_1、P_2 为曲线控制点,决定曲线的整体趋势。

2. 融合算法流程

融合算法的实现步骤如下。

(1) 利用栅格法对工作空间进行环境建模,并对环境信息进行初始化,确定工作空间的起始点和目标点。

（2）对算法参数进行初始化。构造开启和关闭列表，并初始化蚂蚁的数量 m、最大迭代次数等、信息素挥发系数 ρ、信息启发式因子 α、期望启发式因子 β。

（3）根据搜救机器人当前位置和目标点位置，利用 A* 算法进行全局路径规划。将机器人当前位置所在的节点及其邻近节点添加到开启列表中，利用评价函数 $f(n)$ 查找最佳节点并将其保存到关闭列表中，依次循环继续添加查找新节点，直到找到目标点为止，根据关闭列表得到全局路径，清空开启和关闭列表。

（4）在规划出的全局路径基础上，根据全局路径斜率的变化率查找路径上的拐点，从而确定局部特征点。

（5）根据局部特征点对全局路径进行局部划分，利用蚁群算法对各局部划分进行局部路径规划。更新迭代次数和蚂蚁个数，根据状态转移概率进行节点选择，并将局部的起始点和已经经过的节点添加到 $tabu_k$ 中，执行 N_{max} 次迭代得到局部路径规划结果，对信息素进行更新。

（6）采用路径平滑处理方法对各局部路径进行拟合并对其进行优化，判断是否到达目标点。如果已经到达目标点，则路径规划结束；否则继续执行（3），直到到达目标点为止。

融合算法路径规划流程如图 5.27 所示。

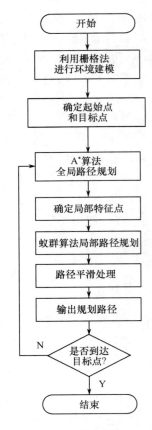

图 5.27　融合算法路径规划流程

5.2.4　案例分析

为验证融合路径规划算法的可行性，在两组不同的地图上分别对 A* 算法、蚁群算法、融合算法进行路径规划仿真试验，算法仿真结果直观地体现了融合算法在进行路径规划时的合理性，A* 算法路径规划仿真结果如图 5.28 所示。

从 A* 算法路径规划仿真结果可知，其能够规划出一条从起始点到达目标点的路径。该路径虽然避开了障碍物，但是在经过障碍物时与障碍物的顶点相交。在实际工作环境中，搜救机器人不可能沿着障碍物的边缘移动；否则通过障碍物顶点时容易与障碍物发生摩擦甚至碰撞，最终导致规划出的路径并不能满足搜救机器人的实际工作需要。

蚁群算法路径规划仿真结果如图 5.29 所示，蚁群算法规划的路径虽然有效地避开了障碍物，并且没有与障碍物的顶点相交，但是其规划出的路径曲折并带有尖峰。在实际工作环境中，搜救机器人在转折处一定会因为拐角而减速，最终

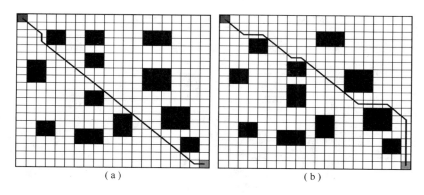

（a）　　　　　　　　　　　　　　（b）

图 5.28　A*算法路径规划仿真结果

导致搜救机器人完成任务的效率降低,因此其规划出的路径并不是最优路径。

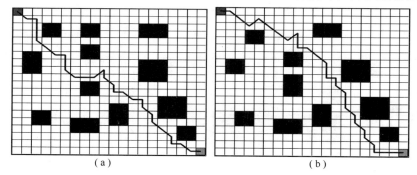

（a）　　　　　　　　　　　　　　（b）

图 5.29　蚁群算法路径规划仿真结果

　　根据其各自存在优、缺点,将两种算法结合起来对搜救机器人进行路径规划,使搜救机器人规划出的最优路径不仅有效避开障碍物、光滑流畅,而且提高了搜救机器人完成任务的效率。

　　首先,在 A*算法规划出的全局路径基础上,根据全局路径斜率的变化率查找路径上的拐点来确定局部特征点,地图 1、2 的路径拐点查找过程如图 5.30、图 5.31 所示。

　　表 5-2 给出了全局路径特征点查找结果,地图 1 中共存在两个特征点,地图 2 中共存在 5 个特征点。根据局部特征点对全局路径进行局部划分,即将地图 1 的全局路径划分为两个子区间,并将地图 2 的全局路径划分为 7 个子区间。

表 5-2　全局路径特征点

地图	特征点个数	特征点坐标(x, y)					
		1	2	3	4	5	6
1	2	(2, 2)	(2, 3)				
2	5	(2, 2)	(4, 2)	(8, 5)	(14, 11)	(17, 11)	(19, 13)

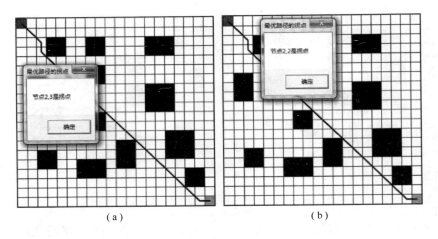

图 5.30　地图 1 全局路径特征点

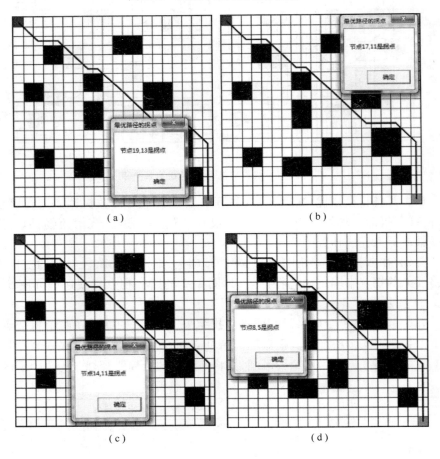

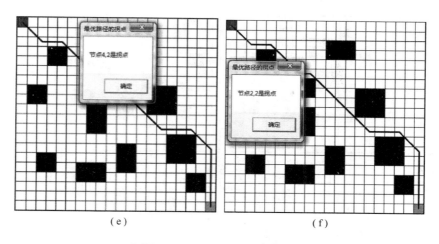

（e）　　　　　　　　　　（f）

图 5.31　地图 2 全局路径特征点

其次,根据全局路径上的局部特征点,利用蚁群算法对各局部划分进行局部路径规划,得到各局部路径,局部路径规划结果如图 5.32、图 5.33 所示。

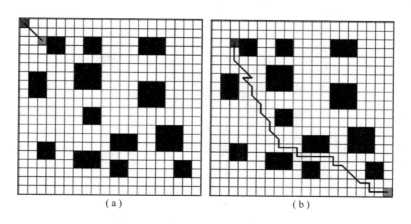

（a）　　　　　　　　　　（b）

图 5.32　地图 1 局部路径规划结果

最后,采用路径平滑处理方法对各局部路径进行拟合并对其进行优化,去掉路径上的尖峰并对折线进行平滑处理,融合算法路径规划结果如图 5.34 所示,仿真结果表明,融合后的路径规划算法不仅有效地避开了障碍物,而且光滑流畅。

表 5-3 给出了 3 种算法仿真性能比较,在两个地图中,A* 算法规划的路径与障碍物顶点多次相交,蚁群算法规划的路径虽然没有与障碍物顶点相交,但是存在多个尖峰,融合算法规划的路径既没有与障碍物顶尖相交也没有出现尖峰。

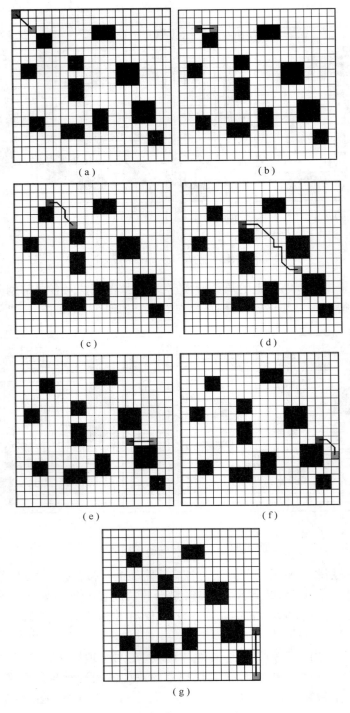

（a）

（b）

（c）

（d）

（e）

（f）

（g）

图 5.33　地图 2 局部路径规划结果

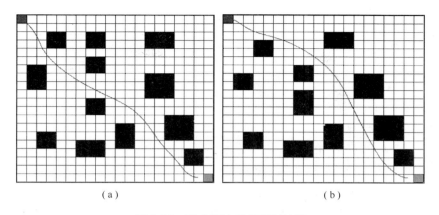

（a）　　　　　　　　　　　　　　　　　（b）

图 5.34　融合算法路径规划结果

表 5 − 3　3 种算法仿真性能比较

路径规划方法	地图		地图 2		搜索效率
	障碍物接触次数	尖峰个数	障碍物接触次数	尖峰个数	
A* 算法	4	0	4	0	较快
蚁群算法	0	8	0	9	较慢
融合算法	0	0	0	0	适中

5.3　改进的 A* 算法

　　传统的 A* 算法通过引入启发函数提高了搜索效率。通过节点 n 与终点 End 的距离变化，改变 $g(n)$、$h(n)$ 权值，从而减小搜索时间，并使局部路径得到优化[6]。随着计算机技术的迅速发展，计算速度呈指数增长，使得对路径的搜索速度需求降低，但是机器人日益增加的能源消耗问题却变得越来越严重。

　　改进的 A* 算法其核心思想是：在对经由每个节点 n 进行移动耗费 $f(n)$ 计算时包含当前路况、转弯角度对移动耗费的影响，并满足多关节机器人对转弯角度的约束条件，从而使得规划后的路径总体能量耗费最少。改进后的 A* 算法公式表示为

$$f(n) = \alpha g(n) + h(n) + \beta\theta \qquad (5.12)$$

式中：$f(n)$、$g(n)$ 和 $h(n)$ 含义与传统 A* 算法相同；α 为当前节点 n 的路况加权系数（$\alpha = 1/\omega$，ω 为路面可通过系数，由表 5 − 4 确定）；θ 为机器人相对于上一个节点（$n-1$）转动弧度角；β 为其系数，β 的值取决于机器人移动单位单元格的能量耗费。

125

表 5 - 4　路面可通过系数 ω 与加权系数 α 对照表

路况	ω	α
障碍物	0	∞（不可通过）
45°斜坡	0.1	10
沙石地面	0.5	2
粗糙地面	0.8	1.25
平面	1	1

改进后的 A* 算法的运行过程如下。

（1）同传统 A* 算法。

（2）针对不同路况的路径代价属性进行赋值,将障碍物覆盖的网格路径代价属性赋值为 100（把 ∞ 写作 100,便于通过程序进行计算、判断）,将安全区域内的网格路径代价属性赋值为 1,若一个网格内既包括安全区域,也有障碍物区域,则将此网格作为障碍物赋值。

（3）同传统 A* 算法。

（4）同传统 A* 算法。

（5）LOOP 启发式搜索算法：

① 根据式（5.12）在 OPEN 列表中寻找 $f(n)$ 最小的网格,称为当前网格。

② 同传统 A* 算法。

③ 对于其每一个相邻网格,它的路径代价如果为 100,即表示不可通过或者该网格在 CLOSED 列表中已经跳过此网格;否则如下：

如果在 OPEN 列表中不存在该网格,则在 OPEN 列表中添加此网格,并将当前网格作为这一网格的父节点,根据式（5.12）计算并记录这个网格的 $f(n)$、$g(n)$ 和 $h(n)$ 的值。若 OPEN 列表中已经存在该网格,就参考 $h(n)$ 的值来检查目前所选择的新的路径是否更优。$g(n)$ 的值越低,表示路径越优。若该路径为更优路径,则将这一网格的父节点移动到当前网格,并重新根据式（5.12）计算这一网格的 $f(n)$、$g(n)$ 和 $h(n)$ 的值。OPEN 列表中的数改变之后可能需要重新对 OPEN 列表排序。

④ 同传统 A* 算法。

（6）同传统 A* 算法。

（7）同传统 A* 算法。

5.3.1　复杂路况能量耗费仿真与结果分析

经改进 A* 算法对于减少能量耗费主要采用:在对经由每个节点 n 进行移动耗费 $f(n)$ 计算时增加当前路况、转弯角度对移动耗费的影响。通过改进 A* 算法,使得移动机器人在进行路径规划时更接近于实际情况。根据不同的路况信息,改变路面可通过系数 ω 从而改变加权系数,可以适用于任意地形的路径规划。不再等同于传统 A* 算法全部假设为光滑路面进行研究。

下面主要针对同一个路况信息,对传统 A* 算法和改进 A* 算法的路径规划策略进行仿真。仿真结果如图5.35所示。

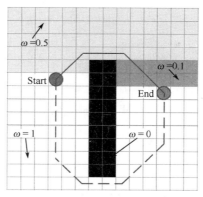

图5.35　传统和改进 A* 算法对同一复杂路况搜索路径对比

图5.35中实线为传统 A* 算法得到的规划路径,虚线为改进 A* 算法得到的规划路径。其中假定移动机器人在可通过系数为1的光滑平面水平移动一格的距离为1、能量耗费为10,则两种算法规划路径的能量耗费对比如表5-5所列。

表5-5　传统与改进 A* 算法规划的路径行走距离和能量耗费对比

算法	行走距离	行走能量费	转动能量耗费	总能量耗费
传统 A* 算法	10.07	482.5	15.7	498.2
改进 A* 算法	20.07	200.7	31.4	231.4

由表5-5所列的数据可以看出,传统 A* 算法搜索到的路径距离为10.07,总能量耗费为498.2;改进 A* 算法搜索到的路径距离为20.07,总能量耗费为231.4。由对比可知,虽然传统 A* 算法搜索得到路径较短,但是由于其没有考虑路况因素带给移动机器人的额外能量耗费,从而导致该路径的能量耗费为改进 A* 算法搜索路径的2倍还多。

5.3.2　多关节机器人角度约束仿真与结果分析

传统的 A* 算法在进行路径搜索的时候,经常把机器人简化为点,并没有考虑其安全距离,而且其转弯角度也是依据最短路径为目标没有任何条件限制,但在实际中移动机器人通常会有一定的转弯半径和安全距离。

多关节移动机器人由于其结构和驱动方式决定其无法进行90°角转弯,必须有一定的转弯半径。改进 A* 算法的对应节点 n 的能量耗费考虑了转弯半径的约束,如图5.36所示,某个多关节机器人最大只能进行 ±45° 的转弯运动。该约束条件也可以看作对普通轮式移动机器人的安全距离约束。

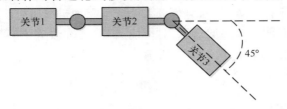

图 5.36 多关节机器人转弯角度约束示意图

针对以上约束条件对传统和改进 A* 算法同时进行转弯角度和安全距离测试,设计相应的测试环境地图,分别使用两种搜索算法进行最优路径规划。结果如图 5.37 所示。

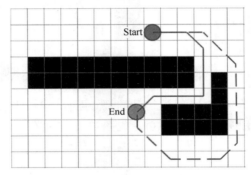

图 5.37 转弯角度约束的传统和改进 A* 算法路径规划对比

图 5.37 中实线为传统 A* 算法得到的规划路径,虚线为改进 A* 算法得到的规划路径。由于传统 A* 算法没有进行转弯角度和安全距离约束,虽然搜索到的路径最短,但是移动路径中有 90° 的转弯,并且障碍物距离非常近;该路径对机器人的威胁很大,可通过性小。改进 A* 算法很好地解决了最短路径和最小威胁之间的权衡,搜索路径为最优路径。

5.3.3 案例分析

为了验证改进 A* 算法的优化效果,测试地图选用一个具有 50×50 个方格的多路况地图进行测试。此地图包含多种形状不同的障碍物,并且具有爬坡、沙石、粗糙和光滑地面 4 种不同的路况,起点和终点分别位于地图左上角和右下角的最远距离。

以实际运行轨迹所需耗费的能量作为最终的实验对比参数,分别采用传统 A* 算法和改进 A* 算法进行最优的路径规划,并且在地图上显示。本实验摒弃传统的只包含障碍物的路径规划测试地图,最大程度上模拟机器人实际运行环境信息,并以具有多关节转弯角度约束的机器人作为仿真对象。其测试地图和最终路径规划结果如图 5.38 所示。

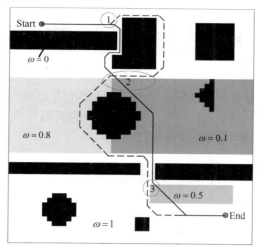

图 5.38　传统和改进 A* 算法综合仿真对比

图 5.38 中实线为传统 A* 算法得到的规划路径,虚线为改进 A* 算法得到的规划路径。图 5.38 中的红色圆圈部分指出了两种路径规划算法在 3 个地方产生了分歧。通过分析可以得到第 1 个地方的分歧是因为改进 A* 算法对机器人的转弯角度进行了约束,在路径搜索的时候为了达到安全通行的目的放弃了最短路径而寻找次优路径;第 2 个分歧处虽然障碍物两边都是非光滑路面,但是改进 A* 算法的启发函数包含有路径可通过性的加权系数,通过分析障碍物两侧的路面可通过性,选择障碍物左侧相对光滑一点的路面为最优路径;第 3 个地方的分歧处仍然是改进 A* 算法具有避开粗糙路面选择光滑路面搜索策略,进而使总体路径能量耗费最少。

定义机器人在可通过系数为 1 的光滑平面水平移动一格的距离为 1、能量耗费为 10,则两种算法规划路径的能量耗费对比如表 5 - 6 所列。

表 5 - 6　传统与改进 A* 算法综合仿真能量耗费对比

算法	不同 ω 值行走距离				不同 ω 值行走能量耗费				不同 ω 值转弯能量耗费				总行走距离	总能量耗费
	0.1	0.5	0.8	1	0.1	0.5	0.8	1	0.1	0.5	0.8	1		
传统 A* 算法	21.3	7	0	44.5	2130	140	0	445	78.5	0	0	70.7	72.8	2864.2
改进 A* 算法	0	0	22	68.3	0	0	275	683	0	0	19.6	94.2	90.3	1071.8

由表 5 - 6 所列的数据可以看出,传统 A* 算法搜索到的路径总距离为 72.8,总能量耗费为 2744.2;改进 A* 算法搜索到的路径总行走距离为 90.3,总

能量耗费为 1071.8。由于传统 A* 算法没有针对不同的路况信息对启发函数进行改进，导致该算法搜索到的路径在 ω 值为 0.1 和 0.5 的路面行走距离过长而能量耗费很大，并且在 A 点为了搜索最短路径而使得机器人受到障碍物的威胁增大。

由对比可知，虽然传统 A* 算法搜索得到路径较短，但是没有进行转角约束导致某些路径对机器人的威胁较大，没有进行路况考虑使得该路径能量耗费为改进 A* 算法搜索路径的将近 3 倍。更多的能量耗费意味着更长的运行时间，因此使用改进 A* 算法所得路径为最优路径。

参 考 文 献

[1] 艾海舟，张跋. 基于拓扑的路径规划问题的图形解法[J]. 机器人，1990，12(5)：20－24.

[2] Lozano － Perez T，Wesley M. An Algorithm for Planning Collision － free Pths AmongPolyhedral Obstacles [J]. Communications of the ACM，1979，22(5)：436－450.

[3] Metea M B. Planning for Intelligence Autonomous Land VehiclesUsing Hierarchical Terrain Representation. Proceeding of IEEE International Conference on Robotics and Automation，1987：1947－1952.

[4] Khatib. Real － time Obstacle for Manipulators and Mobile Robot [J]. TheInternational Journal of Robotic Research，1986，(1)：90－98.

[5] Hart P E，Nilsson N J，Raphael B. A Formal Basis for the HeuristicDetermination of Minimum Consumption Paths [J]. IEEE Transactionson Systems Ccience andCybernetics，1968，14(3)：100－107.

[6] Xu Zhao，Zhong Su，Lihua Dou. A Path Planning Method with Minimum Energy Consumptionfor Multi － joint Mobile Robot [C]. Proceedings of the 33rd Chinese Control Conference，2014：8326－8330.

第6章
复合织物电子皮肤技术

在搜救人员深入环境之前,必须充分做好前期准备,但由于灾后搜救环境具有复杂、危险及不确定性高等特点,造成后方救援中心难以准确掌握对前方环境中具体情况。因此,为提高搜救机器人辅助完成搜救工作,必须提高其对外界环境的感知能力。同时,实现环境感知,也进一步确保搜救机器人决策和步态选择的可行性。本章根据这一需要,详细介绍了基于复合织物材料的电子皮肤技术。

6.1 导电材料

1977 年,美国宾夕法尼亚大学的化学家 A. G. Macdiarmid 和物理学家 A. J. Heege 及日本筑波大学的化学家 H. shirakawa 等人[1]在美国共同发现:用碘掺杂的聚乙炔(PA)膜的室温导电率提高了 12 个数量级,即掺杂后它由绝缘体($\sigma \approx 10^{-9} \text{S/cm}$)变成导体($\sigma \approx 10^3 \text{S/cm}$),而且其电导率可通过改变掺杂程度自由调节。自此以后,这种结构型导电聚合物成为不再需要加入其他导电性物质而依靠本身结构即具导电性的高聚物,受到广泛关注并成为科学家的研究热点。导电聚合物因兼具有金属的导电性和高分子材料的加工性,故在物理、化学、生物、医药、电子、能源和军事防御等领域显示出极具潜力的应用前景,得到高分子界的高度重视,国内外研究者对此进行了广泛的研究[2]。其中聚苯胺尤其受到科学界的青睐,它与其他导电聚合物相比具有以下优点:原料易得,合成简单,产率较高;良好的环境稳定性;独特的掺杂现象;优良的电化学性能、电磁微波吸收性能及光学性能;潜在的溶液和熔融加工性能;易成膜,且柔软,优良电致变色能力,被认为是一种最有实际应用前景的高聚物,已成为导电聚合物领域的前沿。

6.1.1 聚苯胺的导电机理

1. 聚苯胺的分子结构

对聚苯胺结构的研究,在 20 世纪初就开始了,但直到聚苯胺作为导电高分子被重新开发利用才得到了足够的重视。经过多年的探索,1987 年,A. G. Macdiarmid 才提出较合理的本征态聚苯胺的链结构模式,最早给出它的分子结构如图 6.1 所示。

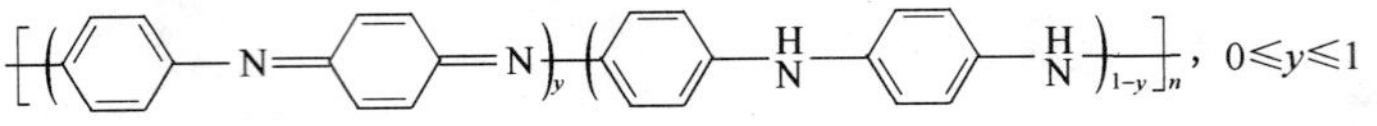

图 6.1　聚苯胺的分子结构

式中:y 为聚苯胺的还原程度。

　　根据 y 的大小,聚苯胺主要分为以下状态:全还原状态,$y = 1$,简称 LB 状态;中间氧化态,$y = 0.5$,简称 EB 状态;全氧化态,$y = 0$,简称 PNB 状态。LB 状态和 PNB 状态都是绝缘态,只有氧化单元数和还原单元数相等的中间氧化态通过质子酸掺杂后可以变成导体。中国学者万梅香等提出图 6.2 所示的分子结构。

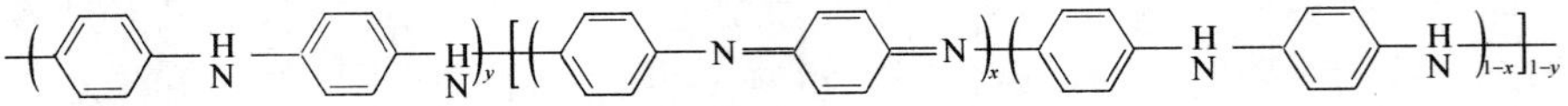

$0 \leqslant x \leqslant 1, 0 \leqslant y \leqslant 1$

图 6.2　聚苯胺的分子结构

式中:y 和 x 分别为聚苯胺的还原程度和质子化程度。

　　2. 导电机理

　　聚苯胺的导电机理同其他导电高聚物的掺杂机制完全不同,它是通过质子酸掺杂,质子进入高聚物链上,使链带正电,为维持电中性,对阴离子也进入高聚物链,掺杂后链上电子数目不发生变化。而其他大多数导电高聚物,如聚乙炔、聚毗咯等,属于氧化还原掺杂,掺杂后链上电子数目要发生变化,影响了导电稳定性[3-6]。聚苯胺的导电过程就是通过电子跃迁实现的,链上电子数目不变,电子跃迁的前提就是质子在单元之间交换,改变其热力学状态。当质子酸掺杂时,苯环中的—NH—和醌环中的—N═同时被掺杂,但一般认为有效掺杂点为—N═基团,—NH—基团即使被掺杂,对电导率贡献也不大。完全还原和完全氧化型的聚苯胺均不能发生掺杂反应,其质子化后只能导致成为盐,结果成为绝缘体,只有当聚苯胺分子链中的氧化和还原单元数大致相等时的中间氧化态通过质子酸掺杂后,才可以转变为导电聚合物。掺杂的过程相当于把价带中一些能量较高的电子氧化掉,从而产生空穴(阳离子自由基)。与经典理论不同的是,这些空穴并不是完全离域的(自由的),只能在聚合物链的片段上实现离域化,其能量介于价带和导带之间。这些空穴通过极化周围介质的方式来稳定自己,所以又称极化子。如果对聚合物进行掺杂,极化子就可通过共轭链传递,从而使聚合物导电。掺杂态聚苯胺的双单极化子相互转化的结构模型较好地说明了聚苯胺的导电机理,如图 6.3 所示。

132

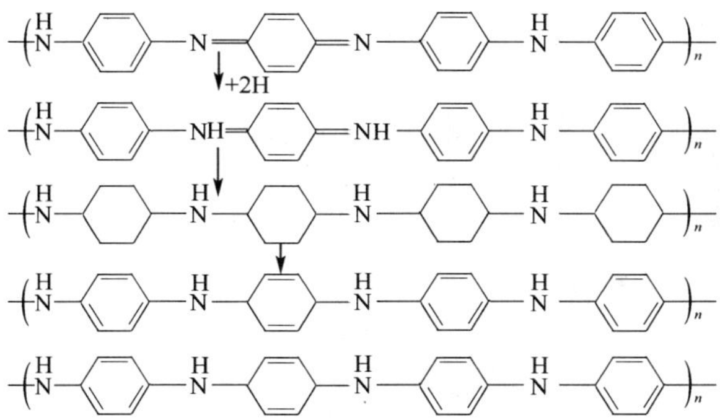

图 6.3　双单极化子相互转化结构模型

6.1.2　聚苯胺复合织物的应用

1. 在织物抗静电方面的应用

制备抗静电织物的传统方法通常有两种。

（1）织物的表面整理。所用抗静电剂大多数是与被整理纤维或与织物相似的高分子物质,经过浸、轧、焙烘而粘附在纤维或织物上。这些高分子是亲水的,因此涂覆在表面上可通过吸湿而增加纤维或织物的导电性,使纤维或织物不致积聚较多电荷而造成危害。

（2）化学改性。化学改性方法是在聚合物内部添加抗静电剂,如磷酸酯、磺酸盐等或引入第三单体如聚氧乙烯及其衍生物,以使纤维本身具有抗静电效果。添加在聚合物内部的抗静电剂大多数具有极性基团,这些极性基团在聚合物的外面形成导电层或通过氢键与空气中的水分相结合,使聚合物表面电阻减小,加速静电的散逸。

第一种方法在洗涤以及摩擦的情况下缺乏持久抗静电性,对于工业制品来说往往不能胜任。第二种方法其抗静电性能主要是依靠吸收空气中的水分来实现的,因此抗静电效果与环境的湿度密切相关。在低湿度下几乎失去抗静电性,致使其应用范围受到限制。

聚苯胺复合织物由于含有的聚苯胺本体导电,电导率可在 $10^{-5} \sim 10^5 S/m$ 范围内调节,故其导电性是优良而持久的。不仅克服了以上两种方法的缺点,而且聚苯胺复合织物有好的稳定性和耐腐蚀性,故有望成为新的抗静电材料。采用电化学合成法,在腈纶、涤纶和涤/棉等织物上接枝形成导电聚苯胺,使织物本身具有良好的导电性,从而获得持久的抗静电效果,并且这种抗静电作用在低湿度下仍然有效。以涤纶为基质,采用现场吸附聚合法,将聚苯胺纤维嵌织入普通涤纶织物中,所得的织物具有良好的抗静电性和电磁屏蔽性能。将涤纶纤维碱减量处理,然后在液相中使苯胺在涤纶纤维表面原位聚合而制得电导率在 $10^{-2} \sim$

133

10^{-5}S/m 的聚苯胺涂层导电涤纶纤维,该导电涤纶纤维呈皮芯层结构,且基本保持了原有的力学性质。

2. 在抗菌方面的应用

抗菌是采用物理或化学方法杀灭细菌或妨碍细菌生长繁殖及其活性的过程。抗菌一般习惯上包括灭菌、杀菌、消毒、抑菌、防霉、防腐等。抗菌方法可分为物理方法和化学方法两大类。物理方法是通过改变温度、压力以及用电子射线等物理手段杀菌;化学方法则是通过调节 pH 值进行气体交换、失水、隔离营养源等手段灭菌。目前,在材料领域使用的方法是通过添加抗菌剂的办法达到抗菌的效果,这种方法抗菌具有适用面广、效率高、有效期长的特点。抗菌剂指一些微生物高度敏感、少量添加到材料中即可赋予材料抗微生物性能的化学物质,即能使细菌等微生物不能发育或能抑制微生物生长的物质。

抗菌材料是指具备抗细菌等微生物功能的材料,包括天然抗菌材料、有机(高分子)抗菌材料、无机抗菌材料(包括光催化纳米抗菌材料)、有机—无机复合抗菌材料。其中,天然抗菌材料主要为动植物的提取物,目前难以满足市场多用途和大用量的需求。而 20 世纪 80 年代开发出的无机抗菌材料具有无毒、广谱抗菌、抗菌时效长、不产生耐药性等特点。特别是纳米抗菌材料(包括光催化纳米抗菌材料)大大拓宽了抗菌材料的应用范围,目前已广泛应用于家电制品、日用塑料、建筑涂料、纺织品以及体育用品等各领域。但光催化抗菌材料的抗菌效果仅局限在自然光或紫外光条件下。有机抗菌材料包括除菌剂、杀菌剂、防腐剂、防霉剂、除藻剂等。有机抗菌剂的优点是:初始杀菌力强、杀菌效果和抗菌广谱性好;无论是粉状还是液态,都能比较容易地分散使用;价格也相对便宜。但是通常的有机抗菌材料也有诸多致命弱点。例如,化学稳定性差,遇热、光或水等容易挥发,难以实现长效。另外,普通抗菌材料功能单一,适应性差。人们期待新型多功能抗菌材料的出现和使用,以满足很多情况下的需求[7]。

导电高分子材料聚苯胺(PANI)具有原料易得、合成工艺简单、结构多样性和掺杂机制独特、环境稳定性良好等诸多优异的物理、化学特性,到目前已成为最有应用价值的导电高分子品种之一。在研究聚苯胺功能特性的过程中,聚苯胺复合材料具有明显的抗菌性(如抗大肠杆菌和金黄色葡萄球菌),更重要的是在自然光、弱光或无光的条件下具有显著的抗菌性。这一发现,体现了 PANI 的多功能性,同时拓宽了有机抗菌材料的研究领域,预计在不久的将来将作为新的抗菌材料为更多人所重视。

3. 在防电磁辐射方面的应用

聚苯胺本征型导电高分子材料不仅具有无机金属材料的优良特性,而且兼有高分子材料的柔软性、加工性及相对密度等优点,再加上电导率可调、环境稳定性好、易合成等特点,是应用前景十分广阔的 EMI 屏蔽材料。尤为重要的是这类材料不仅可通过反射损耗,更能通过吸收损耗达到 EMI 屏蔽目的,因而比金属屏蔽材料更具优势。采用现场吸附聚合法,在织物上吸附苯胺单体,然后使之在织物上聚合,从而得到聚苯胺接枝织物。例如,以盐酸为掺杂剂,过硫酸铵为氧化剂,在棉织物表面采用现场吸附聚合法生成导电聚苯胺,由此设计出了一种具有良好电磁屏蔽效能的织物。而将合成的纳米管状聚苯胺与粘合剂、掺杂剂、去离子水等混合,经超声波分散处理形成涂层整理剂,然后对织物进行涂层处理,可获得具有良好导电性和电磁屏蔽性能的涂层织物。

4. 在智能纺织品上的应用

随着功能性高分子材料的迅速发展,不仅新型导电纤维和抗静电纤维不断涌现,其应用面也不断拓宽。除一般的电磁屏蔽,无尘、无菌衣用在精密仪器、机械零件、电子工业、胶片、食品、药品、化妆品、医院、计算机房中,起到防尘、防菌、防设备损坏、防计算失灵、防噪声的作用,还有防爆工作服、防静电过滤袋等。近些年发展起来的智能导电纺织品,使导电纤维和导电织物的用途得到很大扩展。

自 20 世纪 70 年代以来,导电聚合物的快速发展为传感器技术进步奠定了基础,目前结构型导电聚合物单独或与光纤传感器结合用于温度、压力、电磁辐射、化学物质种类和浓度的检测。近年来由英国 Dutham 大学研制出的导电聚苯胺纤维具有半导体的特性,电导率高达 1900 S/cm,可以作为传感器使用。欧盟 EleetroTextlle 公司于 1999 年利用导电纤维技术开发了压力敏感织物,这种织物可以准确地探测出受压力的部位。日本开发的检测最大应变的传感器,可用于建筑物、道路、工厂、飞机、烟囱、索道等结构安全判断。在服装领域,飞利浦公司已开发出音乐夹克、音乐键盘和运动夹克等系列产品,并通过移动电话和服装相连接,实现了服装的电子化和数字化。其中,运动夹克利用织物受拉伸后,导电纤维的导电性能变化来探测手臂的运动情况,研究人员估计这种服装在姿态矫正方面也将会有前途。近年来开发类似产品的还有芬兰的智能服装,原型具有通信、导航、使用者监测环境以及电加热 4 项功能,第一代夏季产品已在 2001 年夏天推出。比利时 Srarlab 的智能服装(I – WEAR)由多层织物构成,其中之一是传感器。德国 FAC 服装设计公司推出的智能服装中集成了手机、录音机、GPS 系统的功能。在医用领域,由美国的 Biokey 公司开发的智能绷带将多种传感器植入织物中,可以探测细菌数量、湿度和氧气浓度等,并记录在计算机中,为治疗方案的改进提供依据。由塑料光纤和导电纤维编织而成的"智能 T 恤"可以协助医务人员检测病人心跳、体温、血压、呼吸等生理指标,也可由监测人员了解和掌握运动员、宇航员、飞行员等的身体情况。还可制成婴儿睡衣监测婴儿呼吸、防止婴儿在睡眠时因窒息而死亡。在其他领域,智能导电纤维还可用于国防工业、半导体、电子工业、能源工业、汽车工业、运动器械等方面。例如,用于消防服,当消防人员在全力对付面前火焰,却面临身后增大的火焰威胁时,一个埋在服装背后的传感器可通过导电纤维与埋在服装前面的可听见的警报器相连接,消防人员可及时得到信息而避免灾难。

可以相信,随着科学技术的发展,智能材料将不断发展。人类终究能将生命形成的各种高级功能赋予材料,从而开发出具有多种功能的智能纺织品。而导电纤维作为制造智能纺织品的主要品种之一,必将在材料领域取得越来越重要的地位。

6.2 原位聚合法制备聚苯胺/纯棉复合织物

用化学法合成聚苯胺时,酸度是一个极其重要的影响因素。酸性介质是影响苯胺氧化聚合度和电性能的重要因素。因此,通过化学法制备聚苯胺一般要在强酸环境下反应几小时甚至十几小时。由于棉在强酸环境下会造成严重的损伤,但采用化学氧化聚合法制备聚苯胺/纯棉复合织物,同时氧化剂的存在会加剧这种损伤,故需要尽量缩短反应时间。聚苯胺极易沉积在极性纤维的表面,通过在棉纤维上接枝共聚丙烯酰胺,可以在织物上引入—NH₂,增大纤维的极性,从而促进棉对聚苯胺的吸附。本节首先用丙烯酰胺对纯棉织物进行接枝改性,然后参照常用的浸轧工艺,研究在接枝棉上吸附聚合聚苯胺制成导电复合棉织物,并用 FTIR、SEM 和 TGA 对复合织物的结构和性能进行表征[1-3]。

6.2.1 实验部分

1. 制备过程

1)接枝棉的制备

剪取一定大小的纯棉布,恒温调湿 24h 以上,准确称量其质量 w_1。称取一定量的过硫酸钾(或过硫酸铵),恒温水浴条件下用蒸馏水将其完全溶解。将棉布浸入溶液 10min,然后加入一定量的丙烯酰胺单体,发生接枝共聚反应一定时间。用轧车轧去多余成分(二浸二轧),60℃烘干 10min 后焙烘,所得织物用蒸馏水充分洗涤、干燥。

接枝后的织物恒温调湿 24h 以上,准确称其质量 w_2。按照式(6.1)计算接枝率($G\%$),即

$$G\% = (w_2 - w_1)/w_1 \times 100\% \qquad (6.1)$$

2)聚苯胺在接枝棉织物上的原位生成

利用聚苯胺导电复合织物的制备方法,往往是将织物放在反应体系中发生原位聚合数小时之久,不仅要消耗大量时间,而且将纯棉织物置入强酸性环境下太长时间,会引起织物强度的严重下降。因此,参照纺织品染整工艺常用的轧染工艺,采用以下简化工艺,制得了导电聚苯胺复合纯棉织物。配制一定浓度的过硫酸铵水溶液和苯胺的盐酸溶液,将接枝棉布浸入过硫酸铵溶液中一段时间后取出,然后浸轧苯胺溶液(轧余率 70%)。浸渍过程中不停地用玻璃棒搅拌,使

反应充分。浸轧后用蒸馏水将织物充分洗涤,60℃烘干。最后将棉布浸入盐酸溶液中进行二次掺杂,取出后充分洗涤,60℃烘干待测。

2. 测试

1）电导率测试

用万用电表在棉布上测试一定间距 L 内的电阻值,取不同位置,测 10 组数据取平均值,记为 R。利用式(6.2)计算电导率,即

$$\sigma = 1/(L \times R) \tag{6.2}$$

2）颜色测试

应用 GretagMaebethColor – Eye7000A 分光光度计测试样品的颜色数据。测试条件为 D65 光源,100 标准观察者。样品折叠成 4 层,小孔、正反两面分别测色。分光光度计 UV 含量由 UV 调节瓷板调节。每隔 10nm 记录数据,记录范围为 360～750nm。记录最大 K/S 值和对应的最大吸收波长。

测试棉织物和接枝织物的白度值。CIE（Commission Intemationale del Eclairage）白度值由式(6.3)计算,即

$$W = Y + 800(x_n - x) + 1700(y_n - y) \tag{6.3}$$

式中:x_n 和 y_n 为选定的标准光源的色度坐标;x 和 y 为样品的色度坐标;Y 为样品的三刺激值。W 越大表示白度越高。

3）红外分析

为了分析复合织物的结构变化,实验选取了纯棉织物、聚丙烯酰胺接枝棉织物和聚苯胺/纯棉复合织物进行了傅里叶红外测试。

傅里叶红外采用全反射测试(FTIR – ATR,ThermoNicolet5700),仪器扫描范围 $4000～600\text{cm}^{-1}$,测定纯棉织物、聚丙烯酰胺接枝棉织物和聚苯胺/纯棉复合织物的红外吸收光谱。

4）热重分析和热稳定性实验

用 TG 209F1 型热重分析仪测定织物的热重曲线,分析其热稳定性。其中控温范围为室温到 700℃,升温速率为 10℃/min,用氮气保护。

将制备的复合织物在 Mathis 高温蒸汽烘箱中不同温度下处理 30s,取出后测试电导率,观察温度对复合织物电导率的影响。

5）电镜分析

通过日本电子株式会社 JSM – 5600LV 扫描电子显微镜观测纯棉织物和聚苯胺导电复合织物。技术参数如下。

- 分辨率:高真空状态 3.5nm;低真空状态 4.5nm。
- 放大倍数:18～300000 倍。
- 低真空度:1～270Pa。
- 图像记录:1280×960 像素;2560×1290 像素。

6.2.2　结果与讨论

1. 接枝工艺的确定

1）接枝机理

自由基引发棉接枝丙烯酰胺是以水为介质进行反应的,所以宜选择水溶性引发剂。过硫酸钾和过硫酸铵是最常用的无机过氧类引发剂,由于其良好的水溶性常常用于水溶液聚合反应。其反应机理一般认为是自由基链式加聚反应:在加热条件下,引发剂分解,产生初级自由基,进而引发单体形成自由基,然后与纤维素大分子发生接枝共聚反应[8]。

2）轧余率对接枝率的影响

改变轧车两侧压强,分别为 0.1MPa、0.2MPa、0.3MPa、0.4MPa,丙烯酰胺浓度为 0.3mol/L,过硫酸钾浓度为 0.35mol/L,进行接枝共聚反应 1min,60℃烘干 10min,120℃焙烘 5min。计算轧余率和接枝率,绘制轧余率对接枝率影响曲线,如图 6.4 所示。轧辊两侧压力太低,使轧余率过高,不能将单体充分挤入纤维内部;轧余率太低,纤维吸附单体太少。在轧余率为 70% 左右(轧车两侧压强为 0.3MPa)时,丙烯酰胺接枝率达到最大值。因此,轧余率的选定可在 70% 左右。

3）引发剂浓度对接枝率的影响

改变引发剂过硫酸钾的浓度,分别取 0.05mol/L、0.1mol/L、0.15mol/L、0.2mol/L、0.25mol/L、0.3mol/L、0.35mol/L,轧余率为 70% ,丙烯酰胺浓度为 0.3mol/L,进行接枝共聚反应 1min,60℃烘干 10min,120℃焙烘 5min。计算接枝率,绘制引发剂浓度对接枝率的影响曲线,如图 6.5 所示。

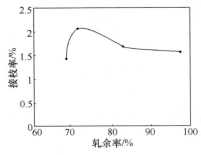
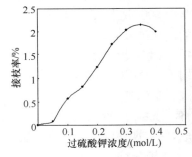

图 6.4　轧余率对接枝率的影响曲线　　图 6.5　引发剂浓度对接枝率的影响曲线

从图 6.5 可以看出,接枝率随引发剂浓度的增加先增大后减小,并且在 0.35mol/L 时达到最大值。这主要是因为引发剂浓度过低,在纤维素纤维上产生的接枝点较少,接枝反应不易进行;随着引发剂浓度的增加,纤维上的接枝点增加,接枝率也随之增加;引发剂浓度进一步增大,单位时间内会产生大量的自由基,使副反应——均聚反应发生的概率大大增加,接枝率反而降低。

138

4）织物浸入反应液的时间对接枝率的影响

改变接枝共聚的反应时间，分别取 0.5min、1min、2min、3min、4min，丙烯酰胺浓度为 0.6mol/L，过硫酸钾浓度为 0.35mol/L，进行接枝共聚反应。60℃烘干10min，120℃焙烘5min。计算接枝率，绘制反应时间对接枝率的影响曲线，如图6.6所示。

织物浸入反应液的时间与接枝率的大小密切相关，可能是与聚合反应的聚合度有关。时间太短，进入纤维内部的单体较少，因此接枝上的聚合物质量较小；而时间太长，单体已经聚合成高聚物，不易轧入纤维内部，只是在织物表面覆着，水洗后可发现，实际接枝上的产物很少。从图6.6中可以看出，反应时间为2min 最佳。

5）白度变化

用电子测色配色仪 GretagMacbethColor – Eye7000A 测定接枝前后织物正、反两面的白度，进行比较，如图6.7 所示。从图中可以看出，接枝后棉织物的白度略有变化，且随着接枝率的升高，白度有所下降。不过总体说来，接枝对棉布白度的影响不大。

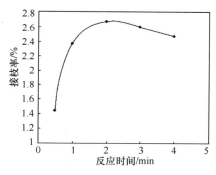

图6.6　反应时间对接枝率的影响曲线　　图6.7　接枝前、后棉织物的白度变化

2. 复合工艺的确定

随着对聚苯胺研究的不断深入，提出了众多的聚合机制。被接受的机理一般是苯胺先被慢速氧化为阳离子自由基，两个阳离子自由基再按头尾连接的方式形成二聚体。然后，该二聚体被快速氧化为酮式结构，该酮式结构的苯胺二聚体直接与苯胺单体发生聚合反应而形成三聚体。三聚体分子继续增长形成更高的聚合度，其增长方式与二聚体相似，链的增长主要按头尾连接的方式进行。

1）过硫酸铁浓度

化学法合成聚苯胺使用的氧化剂研究最多的是过硫酸铵。过硫酸铵不含金属离子，后处理简便，氧化能力强，目前所报道[9]的其产物的最高电导率已达36.7S/cm。此外，也有少数人用过硫酸钠、氯酸钾、二氧化铅、四氯化矾、过氧化氢及重铬酸钾等作氧化剂，但对使用这些氧化剂的聚合反应体系研究得很不充分,而且所得产物的性能也没有使用过硫酸铵作氧化剂时那么理想。本节介绍的方法是选用过硫酸铵作为氧化剂。

将棉布浸在过硫酸铵溶液中,氧化剂吸附在棉布表面或者进入纤维内部。过硫酸铵的用量除了与带液率有关外,另一个因素就是过硫酸铵溶液的浓度。过硫酸铵作为氧化剂,其浓度与苯胺的氧化程度和聚合度密切相关,也关系到生成聚苯胺的结构是以苯式结构为主还是醌式结构为主。因此,过硫酸铵的浓度变化会导致聚苯胺电导率在很大范围内波动。

将棉布浸入过硫酸铵溶液中一段时间,保持盐酸浓度为 1mol/L,过硫酸铵浓度为 0.1mol/L、0.2mol/L、0.3mol/L、0.4mol/L、0.5mol/L、0.6mol/L、0.7mol/L、0.8mol/L、0.9mol/L、1mol/L,苯胺浓度为 0.5mol/L 不变,取出后轧去多余水分,使带液率保持一定。放入苯胺溶液中不停搅拌,反应 30min,洗涤后烘干。然后在 1mol/L 的盐酸溶液中进行二次掺杂 30min,充分洗涤后烘干待测。测试所制备棉布的电阻,计算电导率,绘制电导率随过硫酸铵浓度的变化曲线,如图 6.8 所示。

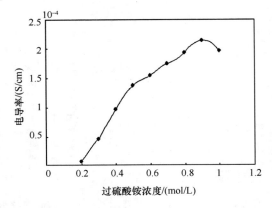

图 6.8　电导率随过硫酸铵浓度的变化曲线

从图 6.8 中可以看出,当过硫酸铵用量较低时,由于反应体系的活性中心相对较少,生成的 PANI 不能进一步氧化为"苯—醌"形式或者生成不了合适数量的"苯—酮"结构,导致表面电导率有所变化。当过硫酸铵浓度超过 0.9mol/L 时,氧化剂过量,不但会进一步氧化 PANI 的主链,破坏其共轭结构,而且容易使纤维发生氧化降解,不利于 PANI 吸附在纤维上,而造成电导率有所下降。

2)反应时间

将棉布浸入过硫酸铵溶液中 5min,保持盐酸浓度为 1mol/L,过硫酸铵浓度为 0.9mol/L,苯胺浓度为 0.6mol/L,取出后轧去多余水分,使带液率保持一定。放入苯胺溶液中不停搅拌,分别反应 5min、10min、15min、20min、25min、30min,洗涤后烘干。然后在 1mol/L 的盐酸溶液中进行二次掺杂 30min,充分洗涤后烘干待测。测试所制备棉布的电阻,计算电导率,绘制电导率随反应时间的变化曲线,如图 6.9 所示。

从图 6.9 中可以看出,复合织物的电导率在反应发生 20min 后变化不大。一般说来,聚合反应分为链引发、链增长、链终止 3 个阶段。苯胺在过硫酸铵存在下的氧化聚合在反应 20min 后链终止阶段结束,进入链结构调整期。聚苯胺的电导率已经不大,考虑到棉纤维在强酸溶液中强度下降迅速,反应时间不宜太长。

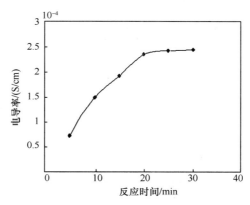

图 6.9　电导率随反应时间的变化曲线

3. 颜色分析

绿色在可见光范围内分别对应着两组吸收光:$400 \sim 450nm$ 的紫光和 $650 \sim 750nm$ 的红光。光谱研究证实:聚合反应的开始,聚合产物是完全氧化的过苯胺黑盐。这从过硫酸铵有着很高的氧化能力来看不足为奇。但当溶液中所有的氧化剂被消耗殆尽后,留下的苯胺就可还原过苯胺黑,从而得到最终产物——绿色的翠绿亚胺盐。在反应过程中,颜色的变化反映了上述不同阶段。开始由于深蓝色的质子化过苯胺黑的形成,织物最大 K/S 值较大,最后才生成绿色翠绿亚胺盐,K/S 值逐渐变小并最后稳定。K/S 值稳定表示聚合反应已结束。

经测试可得复合织物的最大拟 S 值以及对应的最大吸收波长,织物的最大 K/S 值对应的吸收波长一般维持在两个范围,即 $360 \sim 380nm$ 和 $610 \sim 630nm$。在此波长范围内,导电复合织物的电导率和其最大 K/S 值存在着极好的对应关系。最大 K/S 值越大,说明复合织物的颜色越深,吸附的聚苯胺也就越多,所以电导率就越大;反之,电导率越小。

4. 接枝对复合织物最大 K/S 值与电导率的影响

以过硫酸钾作为引发剂,在接枝聚合的最佳工艺条件下:轧余率为 70%;丙烯酰胺的浓度 0.6mol/L;过硫酸钾浓度 0.35mol/L;反应时间为 2min;焙烘温度

120℃,焙烘时间5min,制备聚丙烯酰胺接枝棉织物,测试接枝率为2.486%。分别以纯棉和上述接枝棉为基底材料,在最佳工艺条件下:过硫酸铵浓度为0.9 mol/L,盐酸浓度为1mol/L,苯胺单体浓度为0.6 mol/L,反应时间为20min,制备聚苯胺/棉导电织物,测试电导率,记录如表6-1所列。

表6-1 接枝对复合织物最大K/S值和电导率的影响

标号	基底材料	最大K/S值		电导率/(S/cm)
复合织物1	纯棉	15.358(370nm)	17.579(730nm)	1.01×10^{-5}
复合织物2	接枝棉	37.063(360nm)	41.547(610nm)	2.45×10^{-4}

可以发现,经丙烯酰胺接枝后,制备的复合织物2比复合织物1的电导率提高了一个数量级。这可能是因为聚苯胺与棉纤维之间的交互作用主要有氢键结合和静电引力。棉织物接枝丙烯酰胺后,不仅分子量增大,使得静电引力加强,更重要的是引入了—NH_2和$C=O$,使形成氢键的概率大大增加,因此聚苯胺更易于吸附在接枝棉上,不易脱落,从而制得的复合织物的电导率相对较大。

5. 红外光谱分析

用红外光谱仪测定上节中接枝前后棉织物以及导电复合织物2的红外吸收光谱,观察特征吸收峰,如图6.10所示。从图中可以看出,除具有棉的特征吸收峰,接枝后的纯棉织物在$1653.07cm^{-1}$处出现了—$CONH_2$的特征峰,证明在纯棉基布上发生了丙烯酰胺的接枝共聚。

而聚苯胺/棉复合纤维除了具有棉纤维的特征吸收峰外,聚苯胺的特征吸收峰也能很好地归属。在$3334.57cm^{-1}$处的吸收峰宽而强,这表明可能含有氨基和亚氨基。在$1560.48cm^{-1}$和$1486.58cm^{-1}$处的吸收峰则来自苯环的特征峰,其中$1560.48cm^{-1}$主要反映醌二亚胺单元$C=N$和$C=C$的伸缩振动,$1486.58cm^{-1}$则归于苯二胺芳香环和$C=C$伸缩振动。这两个吸收峰的强度比可以反映聚苯胺的氧化程度,表征醌式结构的峰越大,分子链的氧化程度越高。

图6.10所示为不同织物的红外光谱,其中a表示纯棉织物的红外光谱,b表示经丙烯酰胺接枝后的接枝棉的红外光谱,c表示聚苯胺/接枝棉复合织物的红外光谱。另外,宽而强的吸收峰$1306.75cm^{-1}$峰是芳香胺Ar—N的吸收所致,$1153.34cm^{-1}$则包含着N—A—N模式的振动,$799.23cm^{-1}$处则来自于对位双取代苯环上的碳氢键面外弯曲变形,而在$749.60cm^{-1}$处则由于间位双取代苯环上的碳氢键面外弯曲变形。而—$CONH_2$的特征峰却消失,说明纯棉织物的表面已完全被聚苯胺覆盖。

6. 电镜测试结果和聚苯胺形貌分析

测试样品为纯棉织物和前述中的复合织物2,如图6.11所示,从图中可以

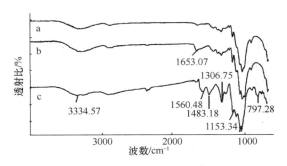

图 6.10　不同织物的红外光谱

发现,纯棉织物在吸附聚苯胺后纤维颜色加深,表面形态也发生了变化。由于放大倍数较小,并不能清晰地看出复合织物表面有何变化,但可以断定聚苯胺在织物表面并不是成为一层膜。

图 6.11　纯棉织物表面和复合织物 2 表面(一)

从图 6.12 中可以看出,纯棉织物的纤维在电镜下呈现出十分光滑的表面,聚苯胺吸附在织物上后,纤维表面出现聚苯胺颗粒,棉纤维因为过硫酸铵的氧化等其他作用,表面变得粗糙。

图 6.12　纯棉织物表面和复合织物 2 表面(二)

143

6.3 聚苯胺/纯棉复合织物的应用性能研究

由于聚苯胺分子链刚性强、极性大、难熔融且难溶于一般溶剂,因而其机械加工性极差,很大程度上限制了它的应用。利用共混或复合方法,形成聚苯胺导电复合材料可以很好地克服上述缺点,扩大聚苯胺的应用领域。棉纤维是自然界含量最高的天然纤维,具有良好的生物相容性、生物降解性和氧气渗透性。可以预见,利用棉织物制成导电复合织物,既具有导电性能,又具有基体纤维的物理力学性能,将具有更广泛的用途和安全性。

6.3.1 聚苯胺复合织物的制备

以过硫酸钾作为引发剂,在接枝聚合的最佳工艺条件下:轧余率为70%;丙烯酰胺的浓度0.6mol/L;过硫酸钾浓度0.35mol/L;反应时间为2min;焙烘温度120℃,焙烘时间5min,制备聚丙烯酰胺接枝棉织物,测试接枝率为2.486%。以上述接枝棉为基底材料,在最佳工艺条件下:过硫酸铵浓度为0.9mol/L,盐酸浓度为1mol/L,苯胺单体浓度为0.6mol/L,反应时间为20min,制备聚苯胺/棉导电织物,记为测试样1。

过硫酸铵与苯胺的摩尔比为1:1,苯胺浓度为0.15mol/L,对甲苯磺酸浓度为0.3mol/L,反应时间为10min,取面积相对较大的接枝棉布作为基底材料,重复上述操作3次,得到复合织物,记为测试样2。测试样的性质如表6-2所示。

表6-2 不同测试样的性质

样品标号	电导率/(S/cm)	最大 K/S 值(最大吸收波长)	
纯棉织物	$<0.5 \times 10^{-8}$	—	
测试样1	2.45×10^{-4}	46.654(360nm)	60.353(620nm)
测试样2	4.566×10^{-3}	56.585(360nm)	92.478(630nm)

6.3.2 撕破强力测试仪器及测试标准

织物的撕破强力测试标准按照《纺织品织物撕破性能第1部分》GB/T 3917.2—1997:冲击摆锤法,分别测试纯棉织物、测试样1和测试样2经向和纬向的撕破强力。

6.3.3 "开关"性质

取部分测试样2浸入1mol/L的氨水溶液中进行反掺杂2h,洗涤烘干后得到本征态聚苯胺/纯棉复合织物,记为测试样3。测试测样3的最大 K/S 值和电导率。

将测试样 3 再次浸入 1mol/L 的盐酸溶液中进行掺杂,洗涤烘干后得到聚苯胺/纯棉复合导电织物,记为测试样 4。测试样 4 的最大 K/S 值和电导率。测试样的性质如表 6-3 所列。

表 6-3　不同测试样的性质

样品标号	电导率/(S/cm)	最大 K/S 值(最大吸收波长)	
测试样 2	4.566×10^{-3}	56.585(360nm)	92.478(630nm)
测试样 3	$<0.5 \times 10^{-8}$	41.943(510nm)	
测试样 4	4.258×10^{-3}	51.244(360nm)	74.583(630nm)

6.3.4　抗菌测试方法

(1)菌液、培养基、缓冲液的准备。实验菌种:大肠杆菌(ATCC8099)。

(2)菌种的转种与保存。储存的菌种每一个月应转种一次,菌种转种后放于 5~10℃ 条件下保存。

(3)液体培养基的配制。将氯化钠 0.5g、牛肉浸膏 0.5g、蛋白胨 1.0g 加入 100mL 蒸馏水中,于锥形瓶中振荡加热熔化,将锥形瓶口用医用纱布塞紧,用报纸包住,再用棉线捆扎封口,放入高温高压灭菌锅内,在 121℃ 下灭菌 20min,冷却备用。

(4)固体培养基的配制。将氯化钠 5g、牛肉浸膏 5g、蛋白胨 10g、琼脂 15g 加入 1000mL 蒸馏水中,于锥形瓶中振荡加热熔化,将锥形瓶口用医用纱布塞紧,用报纸包住,再用棉线捆扎封口,放入高温高压灭菌锅内,在 121℃ 下灭菌 20min,冷却备用。

(5)缓冲液的配制。称取 2.84g 磷酸氢二钠和 1.36g 磷酸二氢钾,加蒸馏水溶解于 1000mL 容量瓶。用氢氧化钠溶液调节 pH 值为 7.2~7.4,配得 0.03mol/L 的磷酸盐缓冲液。将缓冲液倒入锥形瓶中,用医用纱布塞紧锥形瓶口,用报纸包住,再用棉线捆扎封口,放入高温高压灭菌锅内 121℃ 下灭菌 20min,冷却备用。悬菌液准备:在无菌操作台上操作,从 3~10 代的菌种试管斜面中取一接种环细菌,在平皿的营养琼脂培养基上划线,在 37℃ 培养箱中培养 20~24h,然后再用接种环挑取培养基上数个菌落于已灭菌的液体培养基培养,得到悬菌液,将悬菌液放到摇床上培养 24h(37℃、130r/min)。

6.4　复合织物电子皮肤技术与工艺研究

通过分析蛇、蚯蚓等生物的生物特性以及搜救环境对信息感知的需求,研究了具有全空间自主感知特性的电子皮肤,该皮肤不但具有大维度的变形能力,并且具有很好的抗磨损性。选取不同纤维复合材料为基底,将温度、湿度、气体等传感器芯片通过织物粘接方式集成到三维织物中,作为电子织物皮肤。

6.4.1 皮肤特性分析

在实现织物感知功能之前,本节在上面研究的基础上,对织入到复合织物中的导线以及具有延展性的织物进行建模。

1. 导线三维线圈结构设计

1)三维线圈建模

设针织面料中的纺织纱是一个弹性细杆,定义纱轴为笛卡儿坐标系中的空间曲线。自然状态下纱轴上通用点的位置可由 Leaf 模型测定,此适用于干燥松弛情况下的平纹针织面料,即首先通过接合弹性细杆末端相连创建一块二维针织面料,三维由二维模型放置于圆筒的正弦波表面获得。因此,纱线轴的线圈结构可以表示为

$$\begin{cases} x = b\{2E(\varphi,\varepsilon) - F(\varphi,\varepsilon)\} \\ y = p\left(\dfrac{\pi}{2} - \psi\right) \\ z = q(\sin\psi - 1) \end{cases} \tag{6.4}$$

式中:$0 \leqslant \varphi \leqslant \pi/2$;$0 \leqslant \psi \leqslant \pi/2$;$\varepsilon$ 为常数;$F(\varphi,\varepsilon)$、$E(\varphi,\varepsilon)$ 分别为第一种、第二种不完全椭圆积分。

$$\cos\varphi = 1 - \frac{E(\psi,w)}{E(\pi/2,w)} \tag{6.5}$$

式(6.5)与参数 π 和 ψ 相关,w 是常数,线圈长度 l 可由 Munden 实验结果观察得出。

$$\begin{cases} l = 4bF\left(\dfrac{\pi}{2},\varepsilon\right) \\ 2b\varepsilon = \dfrac{q}{w}E\left(\dfrac{\pi}{2},w\right) \\ w^2 = \dfrac{q^2}{p^2 + q^2} \\ \cos\varphi = 1 - \dfrac{E(\psi,w)}{E\left(\dfrac{\pi}{2},w\right)} \end{cases} \tag{6.6}$$

$$\begin{cases} C \times W = K_1/l^2 \\ C = K_2/l \\ W = K_3/l \end{cases} \tag{6.7}$$

式中:C 和 W 分别为每单位长度线圈横列和纵行的数量;K_1、K_2 和 K_3 为常数。

对于干燥松弛后的织物，$K_1 = 19.0, K_2 = 5.0, K_3 = 3.8$。

基于以上等式，针织面料的单一单元线圈（线圈长度为3.8mm）的三维几何结构如图6.13所示，显然，针织结构中的纱线在两个平面以一定角度同时弯曲，从而产生一定的曲率和扭矩，如图6.14所示。纱轴的曲率k由式(6.8)决定，即

$$k = \sqrt{x''^2 + y''^2 + z''^2} \tag{6.8}$$

纱轴扭矩τ可由式(6.9)得出，即

$$\tau = \frac{\begin{vmatrix} x' & y' & z' \\ x'' & y'' & z'' \\ x''' & y''' & z''' \end{vmatrix}}{k^2} \tag{6.9}$$

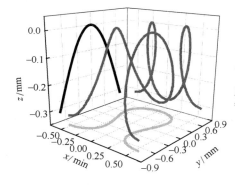

图6.13　线圈的三维几何结构

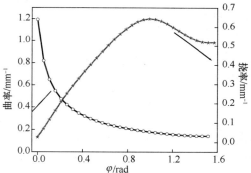

图6.14　三维几何结构下纱轴的曲率和扭矩

2）导线的基本要求

导线必须具有与典型纺织纱相同的弯曲和扭转刚度，在拟定圆形截面为均匀弹性细杆的情况下，弯曲和扭转刚度可由式(6.10)给出，即

$$\begin{cases} \dfrac{M_1}{k} = EI_z = \dfrac{\pi d^4 E}{64} \\ \dfrac{M_2}{\tau} = GI_p = \dfrac{\pi d^4 G}{32} \end{cases} \tag{6.10}$$

式中：M_1、M_2分别为弯曲力矩和扭转耦合；杨氏模量E与刚性模量关系为$G = \dfrac{E}{2(1+\mu)}$；I_z和I_p为转动惯量；d为金属导线的直径。

2. 线圈结构导线的应变分布

导线在针织互连上首次弯曲和二次扭转成三维线圈结构。假设导线是受面内纯弯曲（不扭转），即其横截面在弯曲过程中保持平面（在弯曲之前是一个平面），其纵向元件仅受单向拉伸或压缩，而没有横向应力。图6.15呈现了典型弹性细杆受纯弯曲的状态，其内表面缩短，因此受到压缩；外缘延伸，因此受到张

147

力。此处产生了中性面,没有纵向变形。

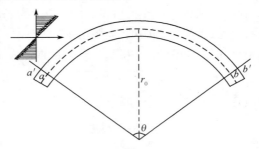

图 6.15　典型弹性细杆受纯弯曲

因此,针织回路受纯弯曲时,导线的应变呈线性分布,在中性面为 0,在内外边缘产生最大值,表示为

$$\varepsilon_{\max} = \frac{\overline{a'b'} - \overline{ab}}{\overline{ab}} = \frac{(r_0 + 2/d_{\mathrm{m}})\theta - r_0\theta}{r_0\theta} = \frac{d_{\mathrm{m}}}{2r_0} = \frac{d_{\mathrm{m}}}{2}k \qquad (6.11)$$

式中:r_0 为曲率 k 的半径;d_{m} 为导线的直径。

有了线圈结构的曲率分布,一定直径导线沿其轴向的最大应变分布就能够得到,如图 6.16 所示。从图中可以得出:①最大应变发生在线圈峰谷,对应于最大曲率;②直径和线圈长度都影响导线的最大应变。因此,必须在加入所需直径的金属导线之前确定线圈长度,这样不会破坏其机械完整性,即其相应的拉伸应变。

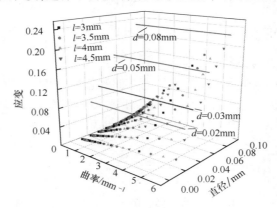

图 6.16　导线沿轴向的应变分布

3. 环形结构中导线电阻—应变关系

1) 电阻—拉伸应变关系

具有圆形截面的导线电阻可以表示为

$$R = \rho \frac{L}{S} = 4\rho \frac{L}{\pi d_{\mathrm{m}}^2} \qquad (6.12)$$

式中:ρ 为电阻率;L 为导线长度;S 为横截面积;d_{m} 为直径。当导线在轴向被拉

伸或者压缩时，d 电阻变化比率可通过式(6.13)计算，即

$$\frac{\mathrm{d}R}{R} = \frac{\mathrm{d}\rho}{\rho} + \frac{\mathrm{d}L}{L} - \frac{\mathrm{d}S}{S} \tag{6.13}$$

因为 $\frac{\mathrm{d}S}{S} = 2\frac{\mathrm{d}d_m}{d_m}$ 和 $\mu = -\frac{\mathrm{d}d_m/d_m}{\mathrm{d}L/L} = -\frac{\mathrm{d}d_m/d_m}{\varepsilon}$，式中，$\varepsilon$ 为导线应变；μ 为泊松比，且存在下式关系，即

$$\frac{\mathrm{d}R}{R} = \frac{\mathrm{d}\rho}{\rho} + (1 + 2\mu)\varepsilon \tag{6.14}$$

对于纯金属导线，ρ 和 μ 为常量。因此，导线的电阻—拉伸应变关系可以表示为

$$\frac{\mathrm{d}R}{R} = (1 + 2\mu)\varepsilon \tag{6.15}$$

2）环形结构中的电阻—应变关系

将长度 ΔL 和圆截面（直径 d_m）的导线在中平面处划分为两部分，见图6.17。导线电阻等效为两部分电阻并联，可表示为

$$R = \frac{1}{\frac{1}{R_1} + \frac{1}{R_2}} = \frac{R_1 R_2}{R_1 + R_2} \tag{6.16}$$

其中：$R_1 = R_2 = 8\rho \frac{\Delta L}{\pi d_m^2}$。

图 6.17　导线由两部分组成

当导线以曲率 k 弯入针织线圈，内层与外层的平均应变可近似为

$$\varepsilon_i = \frac{\overline{a'b'} - \overline{ab}}{\overline{ab}} = \frac{(r_0 + y_i)\theta - r_0\theta}{r_0\theta} = \frac{y_i}{r_0} = y_i k \tag{6.17}$$

式中：y_i 为内层到外层平面距离。明显地，在数值上内区域压缩应变 ε_1 等于外区域拉伸应变，方向相反。

关于电阻—拉伸应变关系，在针织线圈中的内环电阻 R_2，外环电阻 R_1 可表示为

$$R'_i = R_i + R_i(1 + 2\mu)\varepsilon_i \tag{6.18}$$

特别地，有

$$\begin{cases} R'_1 = R_1 + R_1(1 + 2\mu)\varepsilon_1 = R_1 + \Delta R_1 \\ R'_2 = R_1 - R_1(1 + 2\mu)\varepsilon_1 = R_1 - \Delta R_1 \end{cases} \tag{6.19}$$

因此,整个导线的电阻为

$$R' = \frac{R'_1 R'_2}{R'_1 + R'_2} = \frac{(R_1 + \Delta R_1)(R_1 - \Delta R_1)}{(R_1 + \Delta R_1) + (R_1 - \Delta R_1)} = \frac{R_1^2 - \Delta R_1^2}{2R_1} \quad (6.20)$$

式中: $\Delta R_1 = R_1(1 + 2\mu)\varepsilon_1$。

因此,当导线从自然直线状态弯曲为针织线圈配置状态时,相对电阻变化为

$$\frac{R' - R}{R} = -(1 + 2\mu)^2 \varepsilon_1^2 = -(1 + 2\mu)^2 y_1^2 k^2 \quad (6.21)$$

由此可得结论:线圈长度和导线直径影响针织线圈配置中导线的力学和电学性能。

4. 变形线圈结构中的应变分布

针织连接器中的导线与非导电性纱线相互交织。为了研究当针织连接器被凸向拉伸时的应变分布,基于薄弹性杆理论,二维力学分析第一次被用于分析自立线圈导线。然后,通过三维数字模拟分析线圈导线与纱线互纺状况。

1) 二维力学分析

(1) 论断。将针织连接器中的导线等效为具有恒定圆截面积的薄弹性杆,并且弹性杆为同质的、无摩擦的和不能伸展的。此论断对于纯金属导线有效,因此导线在所有方向为硬的、平滑的和一致性的。另外,假设剖面处于自然状态,变形状态时正交于杆中心线。

(2) 初始配置。基于弹力理论,如果固定笛卡儿坐标系 xy 位于平面内,自然状态下连杆中心线任意点的位置张量 R 可以表示为

$$\begin{cases} X = b\{2E(\varphi, \varepsilon) - F(\varphi, \varepsilon)\} = 0.4719 \times \{2E(\varphi, 0.809) - F(\varphi, 0.809)\} \\ Y = 2b\varepsilon\cos\varphi = 0.7635\cos\varphi \end{cases}$$

$$(6.22)$$

式中: $0 \leqslant \varphi \leqslant \pi/2$; ε 为常量, $\varepsilon = 0.809$,并且参数 b 取决于线圈长度。P 点自然配置下的初始曲率为

$$k_0 = \sqrt{(X'')^2 + (Y'')^2} \quad (6.23)$$

初始弧长 dS 为

$$dS = \sqrt{\left(\frac{dX}{d\varphi}\right)^2 + \left(\frac{dY}{d\varphi}\right)^2} d\varphi \quad (6.24)$$

(3) 变形配置。变形配置下连杆中心线的一般点 P 的位置张量 r 在 xy 坐标系中可以表示为

$$r = xi + yj \quad (6.25)$$

变形配置中点 P 的曲率为

$$k = \sqrt{(x'')^2 + (y'')^2} \quad (6.26)$$

并且变形配置下的弧长 ds 为

150

$$ds = \sqrt{\left(\frac{dx}{d\varphi}\right)^2 + \left(\frac{dy}{d\varphi}\right)^2} d\varphi \tag{6.27}$$

（4）几何关系。对于 xy 坐标系，位移张量的分量假设为 u 和 v，因此，初始状态和变形状态的几何关系为

$$\begin{cases} x = X + u \\ y = Y + v \\ dS = ds \end{cases} \tag{6.28}$$

（5）平衡方程。针织结构中，杆的有限变形是任意的、非少量的。因此，变形状态下的平衡方程可以确定。考虑到变形配置下的长度 ds 分量，见图 6.18。

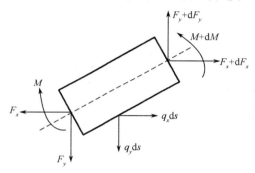

图 6.18　含有力和力矩的微小单元

因此，此单元的平衡方程为

$$\begin{cases} \dfrac{dF_x}{ds} = -q_x \\[2mm] \dfrac{dF_y}{ds} = -q_y \\[2mm] \dfrac{dM}{ds} = -F_y\dfrac{dx}{ds} + F_x\dfrac{dy}{ds} \end{cases} \tag{6.29}$$

（6）本构方程。本构方程可通过 Kirchhoff 关系建立，即

$$M = EI(k - k_0) \tag{6.30}$$

（7）不同边界条件下的结果。调研了两种不同的边界条件（即导电线在横向和纵向的拉伸）。由于复杂的数值计算，初始状态和几何变形后的几何关系采用针织线圈的泊松关系，即 $\mu = -v/u = 0.32$。

① 横向拉伸。假设弹性杆在横向受力，被拉伸的应变为 ε_x，图 6.19 展示了针织线圈变形后（5% ~ 20%）的几何形状。图 6.20 展示了变形后的线圈对应的曲率。根据 Kirchhoff 关系，图 6.21 展示了力矩—参数角度的关系，代表了沿导线轴向的应变分布。从图中可观察到，最大应变发生在线圈的顶部，即最大力矩处。进一步根据平衡方程，此变形需要施加的外部力的分布如图 6.22 所示。

② 纵向拉伸。假设弹性杆在纵向被拉伸的应变为 ε_y。根据泊松比关系,变形后的形状如图 6.23 所示．图 6.24 展示了变形后的线圈所对应的曲率。根据 Kirchhoff 方程,图 6.25 展示了导线沿轴向的应变分布。可观察到最大应变集中在峰谷,即最大的力矩对应处。根据平衡方程,图 6.26 展示了此变形需要施加的力的分布情况。

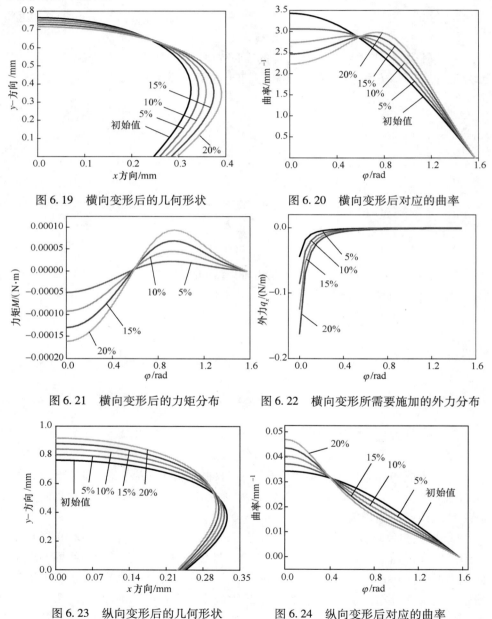

图 6.19　横向变形后的几何形状

图 6.20　横向变形后对应的曲率

图 6.21　横向变形后的力矩分布

图 6.22　横向变形所需要施加的外力分布

图 6.23　纵向变形后的几何形状

图 6.24　纵向变形后对应的曲率

152

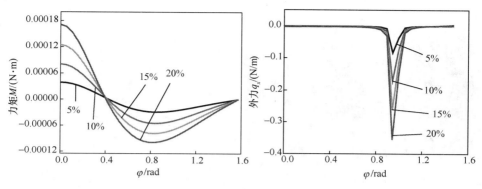

图 6.25　纵向变形后的力矩分布

图 6.26　纵向变形所需要施加的外界力的分布

6.4.2　裸线织物电路板设计

1. 皮肤制备

不同于普通织造技术限制了横(纬)向和纵(经)向的布线布局,采用计算机针织技术来织造可拉伸的织物电路板,该技术可满足复杂的几何布局要求,如阵列、矩阵、网络和其他任意立体基阵。电路图在设计时考虑所有电子元器件和数据端口分布、其工作频率和电流承载能力。为满足应用要求,进行了全织物电子皮肤的设计,图 6.27 所示为皮肤的电子元器件分布示意图。

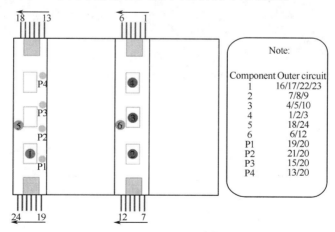

图 6.27　电子元器件分布

首先,利用计算机程序创建嵌花编织图,将其写入机型号为 STOLL CMS822、针号为 14 的针织横机,如图 6.28 所示;其次,采用合适的张力将导电纱线送入机器,并与弹性纺织长丝形成具有相互串套特征的针织结构,其示意图如图 6.29 所示。

图 6.28　计算机控制的针织横机　　　　图 6.29　针织电路的一种基本结构

　　图 6.30 所示为 SCNY 针织连接电路的显微镜图像。该 SCNY 共由 24 × 2 根针织长丝组成,每根针织长丝的总直径为 0.2mm,其形状为钩形和线圈结构,与普通纺织纱线长丝在针织基体上交织。

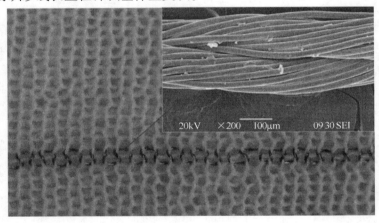

图 6.30　针织电路导线

　　2. 皮肤性能测试

　　将样品固定在夹具的顶部和底部,两个电极连接到一个数字万用表 (Keithley),并与一台个人计算机接口。当样品被 Instron 万用材料测试仪以 300mm/min 的速度拉伸时,通过数字万用表对电阻进行测量。在 0° 和 90° 拉伸测试中样品的隔距为 50mm。图 6.31 所示为全织物电子皮肤的变形能力测试结果,分别将皮肤在 0° 和 90° 方向被拉伸。

　　3. 测试结果

　　图 6.32 所示为全织物电子皮肤在施加拉伸应变时的电力学性能。在电阻保持恒定的情况下,针织弹性基体可以在纵向和横向被拉伸到 300% 的应变,超过其机械断裂应变的 1/2。为了解释针织导电线大变形的原因,图 6.33 和图 6.34进一步展示了针织线圈在横向和纵向拉伸时的形状。

154

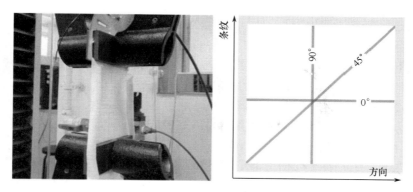

图 6.31　横向和纵向拉伸测试

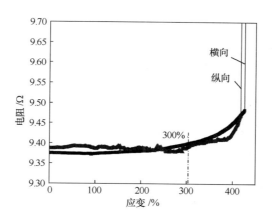

图 6.32　横向和纵向拉伸测试结果

图 6.33　横向拉伸时的线圈变化示意图　　图 6.34　纵向拉伸时的线圈变化示意图

6.4.3　感知皮肤制作工艺

感知皮肤作为敏感外界环境信息传感器的载体,其主要包括感知传感器、纬针织布、导电纱线、超细导电线和 PI 板子。将多个应变传感单元分布在针织连接电路基体的不同部位,通过热压粘合技术,将其固定,通过 PI 板上的小孔,与针织电路的导线实现电学的导通,形成应变传感阵列。

为了确保针织连接电路与电子元器件之间的牢固连接,首先,将针织导电线缠绕在 PI 的孔子上;其次,用导电银胶进一步保证导线间充分与牢固接触。为了确保针织连接电路与外部电路的可靠连接,借助常用的排线,使其与针织电路紧密接触,并通过热压粘合技术,将此部分区域固定。具体过程为织布(STOLL)、烫平、确定尺寸、连接超细导电线、连接 PI 板子、测试短路/通导、安装节点设计,如图 6.35 所示。

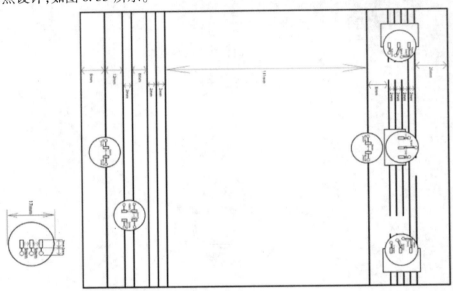

图 6.35 含有电子元器件的电路示意图

在上述皮肤制作工艺的基础上,进行两个版本的全织物电子皮肤的设计,具体如图 6.36 和图 6.37 所示。

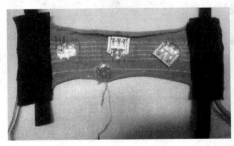

图 6.36 集成电子元器件的
针织物电路板 1

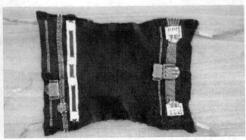

图 6.37 集成电子元器件的
针织物电路板 2

外层皮肤用于保护位于内层的感知皮肤,主要采用针织提花技术和数字印花技术,所制备的外层皮肤具有凹凸感,可提高皮肤的耐磨性和摩擦性,如图 6.38和图 6.39 所示。该外层皮肤具有横向和纵向拉伸特性,其特性曲线如图 6.40 所示。

 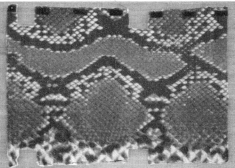

图 6.38　针织提花技术的外层皮肤　　　　图 6.39　数字印花技术的外层皮肤

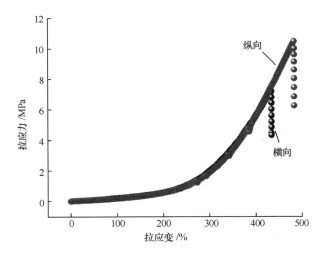

图 6.40　蛇状外层皮肤横纵向拉伸

参 考 文 献

[1] Shirakawa H, Louis E J, Maediarmid A G, et al. Synthesis of Eelectrically Conducting Organic Polymers: Halogen Derivatives of Polyacetylene, (CH)x. Journal of the Chemical Society, Chemical Communications, 1977:578 - 579.

[2] 刘高峰. 聚苯胺/纯棉导电复合织物的制备及性能研究[D]. 南京:东南大学, 2009.

[3] 黄维垣,闻建勋. 高技术有机高分子材料进展[M]. 北京:化学工业出版社,1994.

[4] 殷敬华,莫志深. 现代高分子物理学[M]. 北京:科学出版社,2001.

[5] Saxena V, Malhotra B D. Prospects of Conducting Polymers in Molecular Electronics [J]. Current Applied

Physics,2003,3:293 - 305.

[6] Kang E T,Neoh K G,Tan K L. Polyaniline:A Polymer with Many Interesting Intrinsic Redox States [J].
    Progress in Polymer Science,1998,23:277 - 324.

[7] Kelley T W, Baude P F, Gerlaeh C, Ender D E, Muyres D, Haase M A , Vogel D E, Theiss S D. Recent
    Progress in Organic Electronics:Materials, Devices, and Processes [J]. Chem. Mater,2004,16 (23):
    4413 - 4422.

[8] 潘春跃,胡慧萍,马承银. 苯胺乳液聚合条件的研究[J]. 应用化学,2000,17(5):491 - 493.

[9] 曾幸荣,潘莉芳,龚克成,等. PAni - PVA 原位复合材料的制备及性能[J]. 高分子材料科学与工程,
    1996,12(5):53 - 56.

[10] Hammond P T. Recent Exploration in Electrostatic Multilayer Thin Film Assembly [J]. Current Opinion in
    Colloid&Interface Science, 2000,4:430 - 442.

第7章
仿生蛇形机器人系统集成

仿生蛇形机器人作为一个集成系统,在实现自主感知功能时,既要考虑机器人整体运动控制问题,又要考虑各功能的实现及其与主控系统之间的关系。本章将从控制系统设计和软件设计两方面对仿生蛇形机器人进行介绍。

7.1 系统总体设计

7.1.1 控制系统总体方案

针对废墟、灾难环境中的控制需求,以及搜救中心掌握搜救环境信息的实时性要求,为蛇形机器人设计了具有前方探测主控 – 从控系统和后方监控的控制系统,如图 7.1 所示。主控 – 从控系统中,主控系统负责外界的自主探测功能的实现,包括环境感知(温湿度感知、压力感知、有害可燃气体的检测)、自我定位、音 – 视频检测、生命感知等,采用 ARM – STM32 微处理器,实时采集和处理环境采集信息、惯导系统信息、音/视频信息、红外测距信息、红外感知信息;从控系统属于运动控制系统,可配合自主探测功能,进行运动步态的控制和调节,如蜿蜒、蠕动、翻滚、分体等。监控系统属于上层控制系统,负责蛇形机器人的整体控制和监测,并配有 1.2GHz 音/视频接收模块,与主控 – 从控系统进行图像传输,利用 Zigbee 无线模块实现控制信号传输。图 7.2 所示为各传感器与主控单元的连接。

从控系统使用了和主控制器一样的高速 ARM 处理器,可同时控制 18 路 PWM 舵机。从控系统通过 Zigbee 无线模块从主控制系统获得控制指令,通过 PWM 信号控制关节机构运动。从控系统结构如图 7.3 所示。

7.1.2 通信方式

机器人在搜救过程中将搜集到的信息传给监控中心或告知搜救人员,是搜

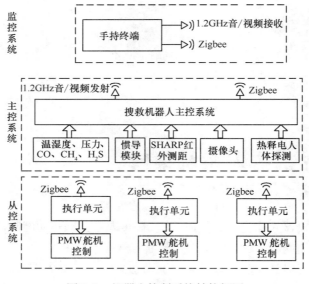

图 7.1　机器人控制系统结构框图

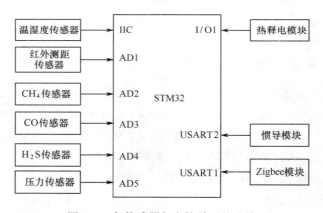

图 7.2　各传感器与主控单元的连接

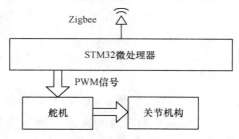

图 7.3　从控系统结构框图

救的重要部分之一。如何实现机器人的通信,采用以下 3 种通信方式,可以针对不同的应用场合做相应的配备。

1. 有线通信

机器人携带数据线进行运动,将采集到的生命信息和环境信息一并通过数据线传送出去,实时、快捷、无干扰,还可进行视频监控,同时也可为机器人提供能源等。但是,携带数据线运动给机器人带来一定的影响,搜救现场的环境复杂很可能压住或损坏数据线。因此,有线通信方案适合环境相对简单的现场。

2. 自身记录信息后返回

机器人自身能够记录生命信息和环境信息,在能源供应允许的时间内按原搜救路线或者其他搜救路线返回,在搜救过程中不携带数据线,运动灵活、方便。但是,受能源以及救援时间的限制,此种方案可用于生命搜救分体的第二阶段。

3. Zigbee 无线通信 + 基站

采用 Zigbee 无线通信方案的优点是低功耗、成本低、数据信息安全可靠等。采用 Zigbee 无线通信技术,需要多个无线数传模块共同搭建一个无线数传网络平台,一般搭建数传平台有两种方案。方案一:针对事故率高的场所,如煤矿等,可以在合理的位置事先配置无线数据模块,当发生灾难时可以迅速应用。方案二:以机器人本身作为无线数据模块组建立无线数传网络平台,机器人在实际运动时一方面进行信息探测,一方面进行数据信息的传输。多机器人之间的协同可以实现搜救信息的共享,以提高救援效率,也可以将探测的重要信息传送给信息中心或救援人员。

7.1.3 能源供给方式

仿生蛇形机器人的能源供给方式有两种选择方案:有线方式和无线方式。无线供能方式又可以有两种选择方案:一是机器人自身携带蓄电池或者燃油发电机;二是采用无线能量传输。有线供能方式能够保证充分的能量供给,但是导线本身的压降以及导线与环境的摩擦或者是受到障碍物的影响等,这些严重制约着机器人运动的灵活性及其对环境的适应能力。在实验验证阶段则完全可以采用有线供能方式。

采用蓄电池这种无线方式可以在一定程度上提高机器人运动的灵活性以及对环境的适应能力。但是蓄电池的质量和体积较大,而且续航能力有限,因此,这种方式不适合在实验室试验阶段之用,选择高能蓄电池来作为机器人的主要能源供给或者作为实际运行时的备用电源也是一种选择方案。若采用燃油发电机这种无线供能方式,虽然能够提供足够的动力,但是会使机器人的载荷大大增加,结构变得很复杂,不能更好地在废墟内部进行搜救工作,所以这种供能方式不适合做搜救机器人的供能装置。

无线能量传输是指能量从能量源以无线的方式传输到电负载的一个过程。当前人们研究无线能量传输技术主要有:

① 辐射技术,这是一种通过某种独特的接收器来接收空气中的能量,并将

其转换成电能储存在电池中的技术,但此种方法所能获得的能量却是十分有限的。

② 磁场共振技术,是利用共振原理来传递能量的一种方式。即当两个物体在共振时,实现能量的无线传输,但是在能量传输过程中很容易受到周围电磁场的干扰,因此获得的能量不够稳定。

③ 利用自然环境中的热能、光能等,将其转换成所需的能量。

④ 电感耦合技术。这种技术的原理与变压器的原理类似,是通过相对直接的接触来进行能量传输的,此种方式虽然能够稳定地获得相对较大的能量,但是传输距离很短。

综合考虑,采取有线供能与高能蓄电池供能相结合的方式较为理想,当供电线路在影响机器人运动时,机器人可以分离供电线后依靠蓄电池供能而自行运动。在利用线路供能时,可同时将现场的情况传回监控中,利于救援人员更好地掌握现场的情况。

7.2 硬件设计

7.2.1 主控制系统

主控单元主要由控制计算机、通信模块、模数/数模转换模块、数字输入/输出接口和电源模块组成。控制计算机用于各个传感器数据的融合;通信模块用于环境感知单元与工控机之间的数据交互;模数/数模转换模块用于采集可燃气体传感器的数据;数字输入/输出接口主要采集热释电传感器和温湿度传感器的数据;电源模块为各个子模块提供电源。

控制计算机电路连接如图 7.4 所示。

7.2.2 惯性导航定位模块

惯性导航模块主要用于提供搜救机器人的姿态和位置信息,辅助实现 SLAM 过程,该模块由主控芯片、3 轴加速度计和 3 轴陀螺、高灵敏度磁阻传感器、高精度超低功耗压力传感器等组成,如图 7.5 所示。

惯性导航定位通过高速导航计算机来完成惯性器件的数据滤波和补偿算法、MPU6050 惯性测量单元的姿态解算、组合磁强计、气压计系统信息进行系统数据的融合算法。导航计算机通过 SPI 通信接口接收 MPU6050 的原始测量数据和磁强计系统数据、I^2C 通信接口接收气压数据,分别对各个子系统数据进行处理后再经过一个扩展卡尔曼融合滤波器推算出实时具有高精度的载体速度、位置和姿态信息。整个系统可选择单独直接输出 INS 子系统导航信息和气压计子系统测得的高度信息,进行冗余存储。低压差稳压源模块用来保证内部各系

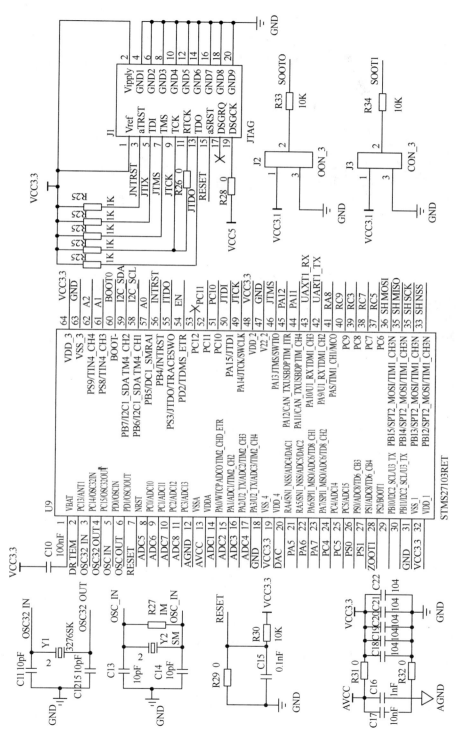

图 7.4 控制计算机电路连接

163

统供电的稳定性。该系统采用硬件高通和低通滤波器来滤除电源交流部分和干扰成分。通过该子系统给陀螺、加速度计提供稳定的电压源来保证惯性器件的零位和标度因数等一系列参数的稳定性，从而进一步提高导航系统的整体精度。

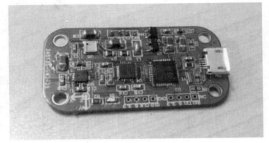

图 7.5　主控制系统　　　　　　图 7.6　惯性导航模块

　　惯性导航定位的算法流程如图 7.7 所示。导航系统开始上电，并进行参数初始化；INS 子系统开始输出角速度和加速度信息的数字信号，经过滑动平均滤波处理，然后对此数据标定和温度补偿，导航计算机通过捷联导航算法求解出速度、位置和姿态信息；磁强计子系统测得的磁场强度，经过干扰去除和标定补偿，

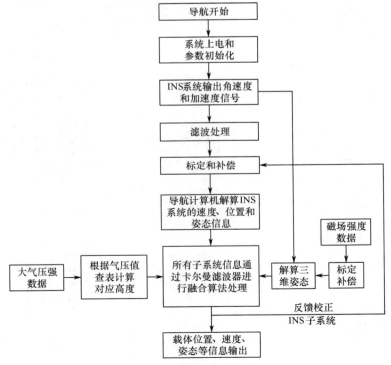

图 7.7　惯性导航定位算法流程框图

164

再结合 INS 信息中的加速度信息可进行初始对准和载体的三维姿态计算；气压计子系统测得的高度值可抑制 INS 系统高度的发散；所有上面子系统得到的数据通过系统卡尔曼融合滤波解算出高精度的载体位置、速度和姿态信息进行输出，另通过滤波器估计出的陀螺和加速度计的随机常值漂移，可反馈校正 INS 系统。最后经过测试，该系统可满足 30min 内不大于 10m 的定位精度。表 7 – 1 给出了组合测量单元性能参数。

表 7 – 1　组合测量单元性能参数

序号	参数		性能指标
1	姿态	输出范围	0 ~ 360°
2		动态精度	± 1°RMS
3		分辨率	< 0.05°
4	GPS	定位精度	位置：10m 圆周误差（CEP）
5			速度 0.1m/s；时间 1μs
6		启动时间	热启动 < 1s；冷启动 < 36s
7	测量范围	加速度计：± 10g	陀螺仪：± 300°/s
8		尺寸	49mm × 36mm × 28mm
9		功耗	0.5W

7.2.3　运动控制器

为了满足自抑制神经元控制系统和循环抑制神经元 CPG 的多步态控制方法的工程实现，执行控制器采用高速 ARM 处理器，同时输出 18 路周期为 1μs 的 PWM 舵机控制信号。该系统还可以使用 Zigbee 和无线红外对舵机控制器进行控制，如图 7.8 所示。

图 7.8　运动控制器

7.2.4 环境感知模块

1. 音/视频信息采集

机器人音/视频传输使用高清晰红外摄像头及 1.2GHz 微型音/视频传输模块,具有穿透力强、功耗低、质量轻等特点。

1)数据传输模块

该无线传输模块工作在 1060~1380MHz 频段内,可进行 4 个通道的音/视频无线收发。它的功耗余量大、耗电电流小、体积小、传输距离远,更能适合各种复杂的实际环境。在一般的阻挡情况下也可以传输 400~600m。

2)音频采集

通过麦克风可以获取现场的声音,进而判断遇难者的存在,并通过扩音器与其进行双向语音交流,即人机接口可以接收来自前端多传感器单元发送过来的音频数据进行播放,同时人机接口也能把搜救人员的音频数据发送到前端多传感器单元进行语音对话。

3)视频采集

其主要用于人员搜索和机器人导航控制。选用高灵敏度红外夜视微型摄像头,其采用红外发射灯。即使在环境光线全黑情况下,仍可完成视频监控,夜视距离 5m,如图 7.9 所示。

2. 环境感知单元

环境感知单元集成了多个传感器,包括用于检测人体的热释电传感器、有害气体传感器与温湿度传感器等。环境感知单元组成框图如图 7.10 所示。

图 7.9　高灵敏度红外摄像头

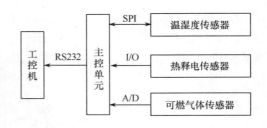

图 7.10　环境感知单元组成框图

主控单元将采集到的所有传感器数据进行融合,通过串口将环境数据传输给工控机,移动平台监控程序对环境数据进行实时展示。环境感知单元各传感器如图 7.11 所示。

7.2.5 通信模块

内低功耗的嵌入式结构,并针对智能家居、智能电网、手持设备、个人医疗、工业控制等这些低流量、低频率的数据传输领域的应用做了专业化的优化。

166

图 7.11　环境感知单元各传感器

图 7.12 所示为 USR－WIFI232－B 模块外观与管脚定义。表 7－2 给出了 USR
－WIFI232－B 管脚功能定义。该模组尺寸较小,易于焊装在用户的产品的硬件
单板电路上,且模块可选择内置或外置天线的应用,方便用户多重选择,模块的
尺寸为 22mm×32.8mm×2.7mm。

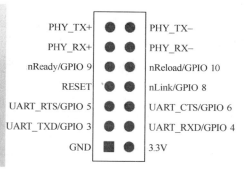

PHY_TX+　　　　PHY_TX−
PHY_RX+　　　　PHY_RX−
nReady/GPIO 9　　nReload/GPIO 10
RESET　　　　　nLink/GPIO 8
UART_RTS/GPIO 5　UART_CTS/GPIO 6
UART_TXD/GPIO 3　UART_RXD/GPIO 4
GND　　　　　　3.3V

图 7.12　USR－WIFI232－B 模块外观与管脚定义

表 7－2　USR－WIFI232－B 管脚功能定义

管脚	功能	网络名	信号类型	说明
1	GND	GND	Power	模拟地
2	VCC	3.3V	Power	外接电源:3.3V@350mA
3	UART 发送数据	UART_TXD	O	
	通用可编程 I/O	GPIO3	I/O	
4	UART 接收数据	UART_RXD	I	如果不需要 UART 功能,这 4 个 PIN 可设
	通用可编程 I/O	GPIO4	I/O	置为 GPIO 功能,通过 AT 命令可读/写
5	UART 请求发送信号	UART_RTS	O	GPIO 状态
	通用可编程 I/O	GPIO5	I/O	
6	UART 语序发送信号	UART_CTS	I	
	通用可编程 I/O	GPIO6	I/O	

管脚	功能	网络名	信号类型	说明
7	模组复位	RESET	I	低电平复位,复位时间 >300msWiFi 连接时,输出"0";否则输出"1"。也可设置 GPIO 模块启动完毕后,输出"0";否则输出为"1"。也可设置为 GPIO
8	WiFi 状态指示	nLink	O	
	通用可编程 I/O	GPIO8	I/O	
9	模块启动状态指示	nReady	O	
	通用可编程 I/O	GPIO9	I/O	
10	恢复出厂设置	nReload	I	输入低电平"0"大于 3s 后拉高,模块恢复出厂设置重启
	通用可编程 I/O	GPIO10	I/O	

注:I—输入;O—输出;I/O—输入输出 GPIO;Power—电源

通信模块采用的是串口转 WiFi 模块 USR – WIFI232 – B,激光测距仪通过串口与其连接,这样激光采集的数据就可通过 WiFi 传输到 PC 端,PC 端通过对数据进行处理进行实时的地图绘制。

日本 Hokuyo 公司的一款二维激光测距仪,通过检测发射激光和反射激光的相位差来得到距离。相比德国 SICK 公司的 LMS200 系列激光测距仪,URG – 04LX 具有尺寸小、质量轻(160g)、功耗低(只需 5V 供电,2.5W 功率)、价格便宜,更适合应用在小型移动机器人上。其性能参数如表 7 – 3 所列。

表 7 – 3　URG –04LX 激光测距仪性能参数

URG – 04LX	参数
探测距离 R	20 ~ 4000mm
探测角度	240°
扫描周期	100ms
角分辨率	0.36°
探测精度	$R = 20 \sim 1000mm(\pm 5mm)$ $R = 1000 \sim 4000mm(\pm 1\% R)$

URG –04LX 数据通信有两种方式可供选择,一种是串口 RS232C,另一种是自带的 5 针 USB – mini 口,通过 USB 线连接到计算机以后,会显示新设备,手动选择安装驱动,也可以在控制面板 – 设备管理器里看到黄色惊叹号的 Hokuyo URG –04LX,手动安装好驱动,直接模拟为一个串口 COM4(串口号可以改)。图 7.13所示为激光与 USR – WIFI232 – B 模块的连接。通信模块电路连接如图 7.14 所示。

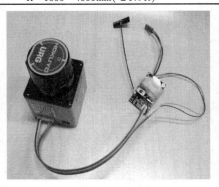

图 7.13　URG –04LX 与 USR – WIFI232 – B 连接

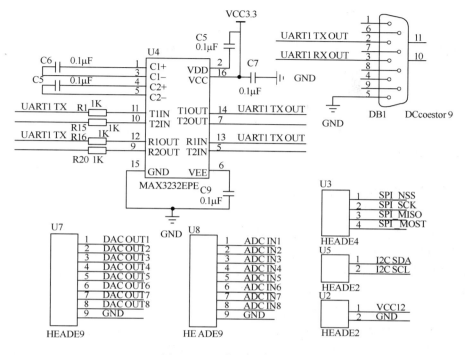

图 7.14　通信模块电路连接

7.3　软件设计

7.3.1　C#介绍[1]

Microsoft C#是微软公司为了其 . NET 计划而开发的一种新的编程语言,是微软 . NET 计划中的主要开发语言。C#从 C、C＋＋演变而来,继承了 C、C＋＋语言的许多特性,体现在语句、表达式和操作符上。在设计上,总结了 C、C＋＋和 Jave 等语言的成功和失败的经验,C#语言还改进和增强了许多功能,如支持类型安全、版本化、事件、无用单元收集功能及可视化编程等,使它成为一种简单、完全面向对象、现代、类型安全的语言。C#具有以下一些特点。

（1）简单。在 C#的安全代码中没有了指针。在默认情况下,C#程序是受控制代码,在 . NET 框架提供的可控制环境下工作。该环境不允许直接访问内存,这样可以有效地避免很多 C＋＋程序中经常遇到的非法内存访问错误。由于没有指针,在 C＋＋中广泛使用的指针符号" － ＞"、类成员定义符号"."等,在 C#语言中都被点号"."所代替;C#通过提高一个统一的类型字符,摒弃了 C＋＋多变的类型系统将字符型都统一成 char,不再有 C＋＋中的 char、unsigned char、 singed char、wchart_t 的区别。

在 C、C + +语言中，整数型可以被当作布尔型使用，C#把布尔型和整型分开了，设立了一个独立的布尔型。虽然这些看起来都是很小的改进，但却使程序代码的调试更加清晰和明确，尤其是对编写复杂的大型软件，减少了出错的可能性，降低了开发和调试程序的难度。

（2）面向对象。C#是一种完全面向对象的编程语言，所有的元素都要被封装在类中，它支持所有面向对象语言的关键概念，包括封装、继承和多态，但它不再支持类的多继承，只允许单继承，即一个类只能有一个父类。同时 C#不再支持全局函数、全局变量和全局常量，所有的函数、变量、常量等都必须封装在类里，作为类的实例成员或是静态(static)成员，因此，用 C#编写的程序能够最大程度地与 .NET 支持的其他语言相互操作，能够实现跨语言的继承。

（3）类型安全。类型安全对于编程语言是很重要的，C#实施了最严格的类型安全机制，有效地增强了程序可靠性。此外，C#还借鉴了许多 VB 语言增强可执行的特性，如所有数组以及动态分配的对象都被初始化为 0；程序执行过程中警告未被初始化的局部变量；对数组的访问会自动进行边界检查；不能够写未分配的内存。这些都提高了程序的健壮性。

（4）版本控制。长期以来 DLL Hell,即动态链接库或系统组件版本问题，不利于使用者与开发人员。C#简化版本，支持内置版本，并且维护现有派生类的双向兼容性。

（5）现代。C#定义了一些更适合现代应用的数据类型，入市和金融业进行货币计算的 decimal 类型。同时，它也允许开发人员根据需要自己定义与现有类型同等高效的类型。在内存管理上引入了垃圾回收和新的错误处理机制。此外，C#实现了更加有效、稳定、跨语言的异常处理机制，包括 throw、try … catch 和 try … finally 等。

（6）灵活和兼容。在对 C、C + +语法的简化过程中，C#并没有失去其灵活性。尽管 C#代码在默认时类型安全的，不能使用指针类型，但是在非安全代码中，仍可使用指针，并且调用这些非安全的代码不会带来任何问题。因为无论是安全代码还是非安全代码，它们都是在 .NET 的受控制环境中运行的。

C#不是一个封闭的语言，它允许通过遵守 .NET 的公用语言规范 CLS 访问不同的 API。CLS 定义了遵守这一规范的语言之间相互操作的标准。为了增强 CLS 的兼容性，C#编译器检查所有公共输出项所遵守的条件，发现不符合规范的情况就会报错。

7.3.2　人机交互 APP 设计

上位机控制系统是参与搜救人员和搜救机器人之间信息交互的衔接桥梁。一个界面友好的机器人控制 APP 不但需要实时显示前方搜救机器人无线传来的音/视频画面、姿态信息和皮肤感知信息,还需要具有简便、易懂的控制逻辑。

图7.15给出了上位机控制界面的基本逻辑框图。

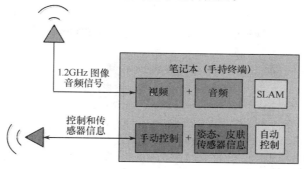

图7.15　上位机控制界面结构框图

为了满足多种信息的实时显示,并保障通信数据的可靠性。这里采用C#语言进行整个控制APP系统的编写。上位机的设计逻辑如图7.16所示。

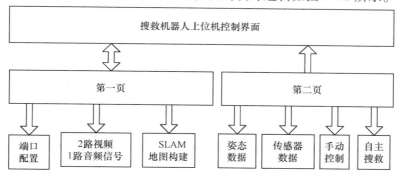

图7.16　上位机控制界面的逻辑框图

上位机控制界面共分为3个子界面,分别为"音视频/地图构建"界面、"环境/姿态/控制"界面和"GPS轨迹"界面。

"音视频/地图构建"界面如图7.17所示。在界面的左侧,可实时显示来自搜救机器人头尾部的无线传输来的音/视频信息,并可设置视频的水平翻转、垂直翻转显示和进行截图信息保存。界面的右侧可以依据激光测距仪信息通过MiniSLAM算法实时生成机器人运行环境地图,机器人可以依据地图信息实时进行步态切换和路径规划。在该界面的右下边设计了快捷按键方便步态控制,界面底部可进行数据端口配置,并实时显示机器人离障碍物距离,以及环境有害气体和人体探测信息。

"环境/姿态/控制"界面如图7.18所示。在其左侧可实时显示机器人的姿态信息(俯仰、偏航和滚转等)和皮肤传感器的环境感知信息(温度、湿度、可燃气体、CO和H_2S有毒气体、压力等),右侧为机器人步态调试和控制的操作区。

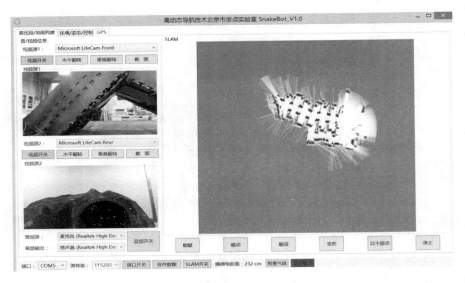

图 7.17　"音视频/地图构建"界面

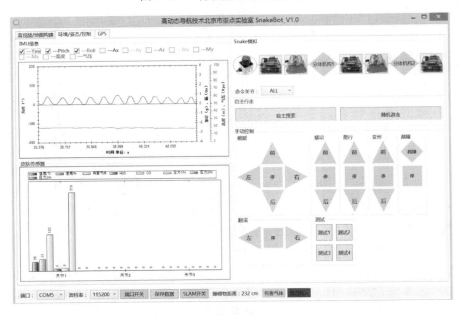

图 7.18　"环境/姿态/控制"界面

　　"GPS 轨迹"界面如图 7.19 所示。它是专为搜救机器人后期研究开发提供的,在集成 GPS 模块后,可长时间高精度地提供机器人的位置信息。

　　上位机控制系统的稳定运行,离不开一个稳定的运行环境。通过比较,选定一个三防(防水、防尘、防摔)机箱来对上位机所有接收设备进行固定。上位机控制系统实物如图 7.20 所示。对上下位机连调,进行长时间的可靠性测试,证

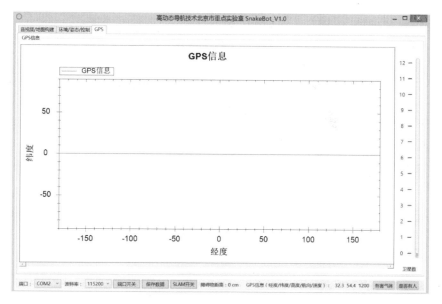

图 7.19　"GPS 轨迹"界面

明其可以满足长时间的搜救任务。

图 7.20　上位机实物图

7.3.3　数据通信软件

在 VC＋＋中,一般通过 MSComm 控件、PComm 控件和 SerialPort 串口类 3 种方式实现串口通信,其中 MSComm、PComm 控件是微软和 Moxa 公司提供的一个串行通信控件,SerialPort 类是用底层 API 封装的一个串口类。MSComm 和 PComm 都属于控件类工具,虽然使用简单、易于实现,但不易于扩展,对于数据量大、数据传输速度快的应用场合稳定性差,数据容易丢失;串口类虽然实现较复杂,但使用灵活、可扩展性强、稳定性好且不易造成数据丢失。

采用串口类完成数据通信时,主要利用定时、事件触发和双缓冲 3 种采集方法,数据采集方法分类如图 7. 21 所示。

定时采集方法通过预先设置定时周期,定时触发采集函数进行数据采集。程序开始后定时器开始计数,当计数值到达预置数值时,触发采集函数并对串口缓冲区中的数据进行采集、解析、存储和显示,同时定时器重新计数,如此循环,直到程序结束。定时采集方法流程如图 7. 22 所示。

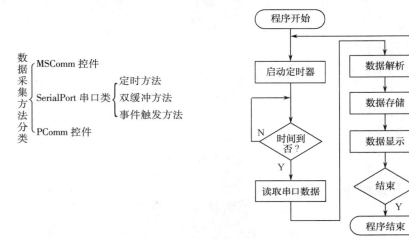

图 7. 21　数据采集方法分类　　　　图 7. 22　定时采集方法流程

定时采集方法虽然操作简单,但是由于数据截断等原因,会导致数据丢失现象。从数据完整性分析(图 7. 23)可知,利用该方法定时采集的 5000 帧数据中,有 786 帧数据丢失,丢帧率为 15. 72% ,数据丢失严重,因此其只适用于数据量少、更新率低的场合。

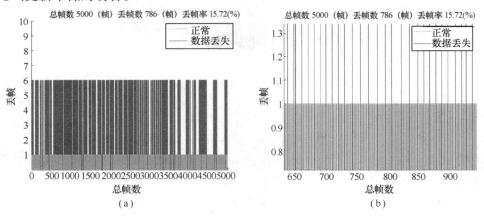

(a)　　　　　　　　　　　　　　(b)

图 7. 23　定时采集方法数据完整性

事件触发采集方法通过串口收发事件,触发采集函数进行数据采集。程序开始,清空接收缓冲区并将接收计数值清零,等待串口接收事件触发条件。

接收缓冲区每收到一个字节数据,就会发送一个消息事件,每获取一个串口接收事件就触发一次采集函数,存储一个字节数据,同时将接收计数值增1。判断数据的帧头是否正确,如果正确则根据数据长度存储整帧数据,如果不正确将已存储的数据清空、接收计数值清零,重新采集数据。整帧数据接收完毕后,判断校验位是否正确,如果正确则按照通信协议对数据进行解析、存储和显示,如果不正确则将已存储的数据清空、接收计数值清零,重新采集数据。事件触发采集方法流程如图 7.24 所示。

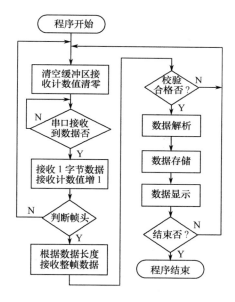

图 7.24　事件触发采集方法流程

事件触发采集方法较定时采集方法复杂,虽然有效地避免了数据截断,但由于缓冲区溢出等问题,缓冲区溢出后仍然会出现数据丢失现象。从数据完整性分析(图 7.25)可知,利用该采集方法采集的 1170 帧数据中,有 139 帧数据丢失,丢帧率为 11.8803%,前 800 帧数据的采集过程中没有出现数据丢失,从 840 帧数据采集完成之后,缓冲区开始溢出,缓冲区溢出之后数据丢失严重。因此,其只适用于短时间内进行数据采集的场合。

双缓冲采集方法利用双缓冲机制,通过多线程方式开辟采集、处理两个独立的缓冲区,将数据采集和解析同步进行。

程序开始,接收线程不断地对数据进行采集,并将接收缓冲区数据复制到解析缓冲区中,复制完毕后清空接收缓冲区数据,并发送数据解析消息给解析线程,之后开始新一轮的数据采集。当解析线程函数接收到数据解析消息后,根据

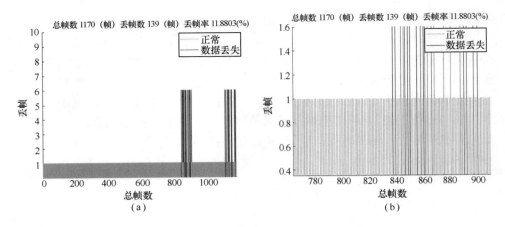

图 7.25　事件触发采集方法数据完整性

事件触发采集方法的原理,对解析缓冲区的数据进行解析、存储和显示,等到解析缓冲区的数据解析完毕后,继续等待接收线程发送数据解析消息,如此循环,直至程序结束。双缓冲采集方法流程如图 7.26 所示。

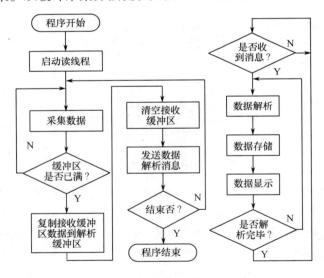

图 7.26　双缓冲采集方法流程

双缓冲采集方法实现较复杂,但是稳定性好,有效解决了数据截断和缓冲区溢出问题,数据丢失现象消失。从数据完整性分析(图 7.27)可知,利用该采集方法采集的 241660 帧数据,丢帧率为 0。

定时采集方法虽然操作简单,但是由于数据截断原因会出现数据丢失现象,适用于数据量少、更新率低的场合。事件触发采集方法虽然有效地避免了数据

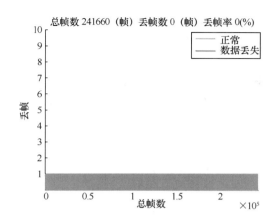

图 7.27　双缓冲采集方法数据完整性

截断,但是由于缓冲区溢出的问题,缓冲区溢出后仍然会导致数据丢失现象,适用于短时间内进行数据采集的场合。双缓冲采集方法有效解决了数据截断、缓冲区溢出问题,数据丢失现象消失,适用于多种场合。表 7 − 4 对数据采集方法进行了比较。

表 7 − 4　数据采集方法比较

采集方法	优点	缺点	丢帧率
定时	操作简单	数据截断导致数据丢失,适用于数据量少、更新率低的情况	15%
时间触发	短时精度高	稳定性差,缓冲区溢出导致数据丢失,适用于短时数据采集	11%
双缓冲	无数据丢失	实现较复杂	0

通过对 3 种采集方法进行比较,同时考虑到搜救机器人对数据传输的实时性与可靠性的要求,路径规划仿真软件利用串口类以双缓冲采集方法完成与移动平台之间的通信。

7.3.4　路径规划仿真软件

路径规划仿真软件具有直观的人机界面、多种地图数据的输入方式、可靠的数据传输方式等优点。搜救机器人路径规划仿真软件如图 7.28 所示。

根据实际应用情况,本仿真软件设计了两种地图数据导入方法,分别是在线传输和文本输入。在线传输方式适用于地图数据量较大的场合,如激光设备提供实时环境信息;文本输入方式适用于地图数据已知的场合,仿真软件可通过 txt、csv 等格式的文件导入地图数据。

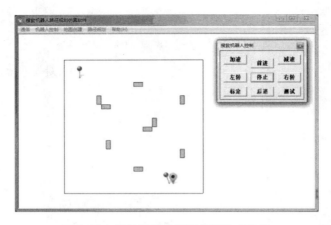

图 7.28　搜救机器人路径规划仿真软件

7.4　仿生蛇形机器人功能试验

在模拟地震、火灾等环境模拟平台上应用仿生蛇形机器人,是仿生蛇形机器人实战应用的前期必要工作。灾害模拟平台为 $5m \times 4m$ 尺寸,如图 7.29 所示,包括平台路面、瓦砾路面、隧道环境、坍塌路面,并具有火灾模拟区、二次坍塌区、有害气体释放区。

图 7.29　灾害环境模拟平台

图 7.30 至图 7.35 分别给出了仿生蛇形机器人在灾害模拟平台上运动步态应用情况。在平台地面时,机器人可选择运动效率最高的蜿蜒步态,实现运动前进。在平台拐角处,机器人调整步态控制策略,实现转弯。在坍塌路面和隧道环境,由于空间狭小,机器人选择直线运动步态或蠕动步态。当遇到瓦砾路面时,由于蜿蜒、蠕动和直线运动均无法适应,机器人通过调整自身姿态,并采用翻滚运动通过。如果瓦砾区域较大,机器人可自主决策,实现继续翻滚,直至通过该区域。当遇到二次坍塌时,机器人可凭借复合织物电子皮肤感知外界压力,并结合分体功能实现自身分体,而分开并无压损的部分,可通过采用合适的运动步态

继续前行,如图7.36和图7.37所示。

图7.30　蜿蜒前行

图7.31　蜿蜒转弯

图7.32　蠕动前行

图7.33　直线前行

图7.34　一次翻滚

图7.35　二次翻滚

图7.36　二次坍塌受损

图7.37　机器人分体

当仿生蛇形机器人所处的环境具有有害气体时,复合织物电子皮肤会感知外界气体,并远程传输给后方的监控系统,如图7.38所示。当仿生蛇形机器人遇到生命体或者火源时,能够对其进行感知,并结合视觉功能,辨别出目标为待救人员还是待灭火源。

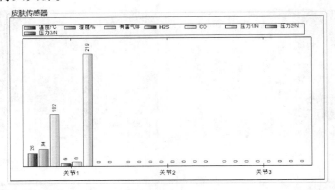

图 7.38　有害气体测量

参　考　文　献

［1］Karli Watson，Jacob Vibe Hammer，Jon D. Reid，et al. C#入门经典(第 6 版). 齐立波，黄俊伟，黄静，译. 北京：清华大学出版社，2012.

第8章
仿生蛇形机器人技术的应用

随着仿生蛇形机器人技术研究不断深入,其作为一种多学科交叉孕育的智能系统,融合机械设计、机械制造、控制理论、多传感器测量、信息融合和软件设计等多门科学分支。在新兴技术充盈人类社会每个角落的今天,仿生蛇形机器人技术与其他机器人技术在结构简化、理论分析、测量与控制等多方面同样具有交叉领域。相关技术的应用已逐渐深入环境检查、医疗救护、智能家居、日常生活、工业生产、国防军工等多个领域,成为智慧装备、智能载体等科学研究的重要桥梁和关键纽带,在提高人类生活质量、生产效率、促进社会发展中起到巨大作用。

8.1 多自由度机械臂

8.1.1 工业方面

工业机械臂也称为工业机器人[1],是由机械本体、控制器、伺服驱动系统和检测传感器装置构成的一种能仿人操作、可自动控制、重复编程,并能在三维空间完成各种作业任务的机电一体化设备。由于很多工业机器人可简化为连杆结构,因此仿生蛇形机器人技术对工业机器人的测量与控制方法具有宝贵借鉴价值。目前已广泛应用于工业生产过程中的搬运、焊接、装配、加工、涂装、清洁生产等方面,成为柔性制造系统(FMS)、工厂自动化(FA)、计算机集成制造系统(CIMS)、生产维护等先进自动化工具。2014 年全球工业机器人销量创下历史新高,达到 22.5 万台,同比增长 27%。市场增长的动力主要来自于亚洲地区,特别是中、韩两国。

近年来,中国机器人市场需求快速增长,并已成为全球机器人重要市场。2014 年,中国工业机器人销量达到 5.6 万台,同比增长 52%,再次成为全球最大工业机器人市场。用户已从外商独资企业、中外合资企业为主,向内资企业乃至中小企业发展。国内沿海工业发达地区不少企业产品用来出口,对产品质量要求高,越来越多的企业采用机器人代替产业工人。在珠三角地区,使用工业机器人的年均增长速度已达到30%,尤其在装配、搬运、焊接等领域,已经掀起了一股机器人使用热潮。图8.1所示为常见的工业机械臂。

（a）装配机器人　　　　　　　　　　（b）焊接机器人

图8.1　常见的工业机械臂

现代工业的快速发展迫切需要进一步提高生产效率、产品质量及产品更新换代的速度,因而工业机器人已进入高速、高精度、智能和模块化的发展阶段,尤其在高速、高精度方面,已成为现代工业机器人发展的主要趋势,如应用于激光焊接、激光切割的工业机器人需要更高的跟踪精度。因此,实现工业机器人高速、高精度的运动控制,对提高我国工业机器人的技术水平,增强国际竞争能力具有重要意义。机器人控制技术是影响机器人系统性能的关键部分,成为目前机器人领域研究的热点和难点,因而要想提高工业机器人的跟踪精度,需要深入研究工业机器人的运动学、动力学和轨迹跟踪控制等关键技术问题,常见的工业机器人控制方法有自适应控制、滑模变结构控制、现代鲁棒控制、有限时间控制等。图8.2所示为工业机械臂自适应控制结构。

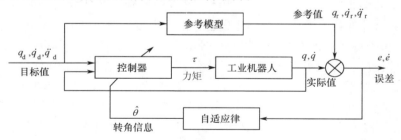

图8.2　工业机械臂自适应控制结构

8.1.2　医疗方面

服务机器人在近5年间呈现出快速增长的态势,根据国际机器人联合会

（IFR）的统计,2013 年全球专业服务机器人和个人/家用服务机器人的销量分别达到 2.1 万台和 400 万台,市值分别为 35.7 亿美元和 17 亿美元,分别同比增长 4% 和 28%。未来几年,全球服务机器人的市场将继续快速增长。随着相互学习与共享知识云机器人技术获得重大突破,小型家庭用辅助机器人大幅度降低生产成本,将在 2020 年之前形成至少累计 416 亿美元的新兴市场。另外,虽然残障辅助机器起步缓慢,但可预测未来 20 年会有高速增长。

机器人技术在医疗养老方面的应用在提高人类生活质量、提升社会科技成分中起到了重要作用。在医疗领域应用的服务机器人被称为医疗机器人,是用于医院、诊所的医疗或辅助医疗的专业型机器人。工作人员根据实际情况制定机器人的工作计划,通过对工作内容进行编程,实现机器人的有效运动,辅助工作人员完成对就医患者检查和治疗,如美国 Intuitive Surgical 公司研制出腹腔微创手术机器人"达尔文"(图 8.3)。

图 8.3　腹腔微创手术机器人"达尔文"

通常,医疗机器人的研究贯穿了康复医学、生物力学、机械学、机械力学、电子学、材料学、计算机科学等诸多学科领域。主治医生可以自行操控所有细微手术的动作。同时,降低了对助理医生配合度的要求,以及手术过程中存在的不确定性。随着机器人控制精度的不断提高,机器人技术的可靠性稳步提升,日渐成熟的医疗机器人在一定程度上可代替主刀医生完成手术,来缓解医疗机构中医患比例极不对称现象。

8.2　自主导航技术

自主导航技术是指飞行器、船舶和车辆等载体不依赖于地面支持,利用自备的测量设备实时地确定自己的位置、速度以及完成飞行、航行和前进等任务所要求的导航或相关的航迹确定和导航参数解算等功能。它的典型特征有不依赖地面测控、自主测量、实时运行和闭环控制[2]。飞行器、船舶和车辆对于自主导航有很大的发展需求:是其自主运行的基础,是当今航空、航天、航海科技与应用优先发展的关键技术之一,也是飞行器、船舶控制技术发展的趋势。自主导航技术是通过导航定位、目标识别和路径规划辨识来解决"Where am I"、"Where am I going"、"How do I get there"等 3 个问题，从而实现无人为干预时能够自发地完成移动和服务的任务。

8.2.1　无人车

无人车技术最早应用于军方，并迅速扩展到民用领域。自动引导车(Automated Guided Vehicle,AGV)作为无人车的前身，最早由美国的 Barrett Electronics 公司于 20 世纪 50 年代研制，当时由钢丝导引路径，并成功应用到一条固定路线。

定位导航主要用于确定无人车行驶的位置和航向，最终保证自主控制任务的完成。无人车的定位技术可分为相对定位和绝对定位两种方式。相对定位的方法有里程惯性导航法、里程计法等，其特点是不依赖于外界信号，工作频率高，但有漂移误差，如需长时间工作，要采用绝对定位的数据进行修正。绝对定位包括 GPS、磁罗盘、主动灯塔法、路标导航法、基于地图的定位法等。按传感器的类型又可分为激光雷达、声呐、视觉传感器(摄像头)、多传感器融合等。

美国卡内基梅隆大学(CMU)在 AGV 系统基础上，研发了从 NAVLAB – I 到 NAVLAB – XI 一系列智能车。NAVLAB 通过车辆搭载相机、激光、GPS 磁场计、陀螺仪及计算机，实现了车辆的无人驾驶，如图 8.4 所示。在国际消费电子行业，日内瓦车展上法国 AKKA 公司展示一款 Link&Go 2.0 未来通勤车，如图 8.5 所示，人们通过网络就可将 Link&Go 召唤到身边。Link&Go 无人车搭载了先进的计算机网络系统，可根据车上乘客目的地选择行驶路线，还能自主帮助同路乘客拼车，提高无人车的利用率。

图 8.4　卡内基·梅隆大学无人车

图 8.5　Link&Go 无人车

8.2.2　AUV

21 世纪是海洋的世纪，作为人类利用和开发海洋的重要工具——智能水下机器人(Autonomous Underwater Vehicle, AUV) 得到了世界各国的广泛重视，在诸多领域发挥着越来越重要的作用。AUV 是一种与水面没有直接联系的自携动力和能按设计程序进行操作的自治式潜水器。在军事上，AUV 广泛应用于水域侦察、中继通信、中继制导、智能攻击等。在民用方面,可用于海底生物资源探查、矿产资源采样、海底地形勘测、沉物打捞、地震地热活动监测、海洋环境监测、海洋工程维护和堤坝安全检测等[3]。

在 AUV 进行上述各项活动时,精确的水下导航定位是其必不可少的条件之一,特别是当 AUV 进行长时间、远距离水下航行时,其导航定位的精度成为直接影响其能否顺利完成预定任务的关键因素。然而,由于受大小、质量、电源续航时间等的限制,再加上水介质的特殊性、隐蔽性等因素的影响,实现 AUV 的精确导航是一项艰难的任务。目前,常用的水下航行器导航技术主要分为四大类:惯性导航系统、声学导航、地球物理导航和组合导航。自主、隐蔽的特点决定了 AUV 导航系统必须以惯性导航技术为核心,受体积、能源、成本等多方面的影响,捷联式惯导成为 AUV 的基本导航系统。惯性导航由于惯性传感器固有的漂移误差,短时间内可以精确地定位,但是误差随时间累积。声学导航要求事先在工作海域布设位置精确已知的参考基阵,而且维护费用较高。地球物理导航中的地形匹配要求在 AUV 计算机中事先存储精确的海底地图,实现起来比较困难。组合导航将多种导航技术适当地组合起来,可以取长补短,提高导航精度,是远程 AUV 未来导航技术的发展方向,这也是自主导航技术主要实施方案。组合导航系统多数以惯性导航为基础,而辅助的导航技术如 DVL(Doppler Velocity Logger)、深度传感器和 GPS 等,正因为自主导航方法能够提高 AUV 在水下的导航精度,所以,得到大量研究和广泛应用。比如,美国斯坦福大学和蒙特利海湾水下研究机构合作研究了一款适用于大航程的低成本导航的"MBARI Dorado" AUV(图 8.6),船位推算和导航精度达到 4 ~ 10m;日本东京大学及日本海洋工程研究所等单位联合研制的开架式 AUV"TUNA – SAND"(图 8.7),用于海底光视觉目标识别及资源探测。

图 8.6　MBARI DoradoAUV

图 8.7　AUV"TUNA – SAND"

8.2.3　UAV

无人机(Unmanned Aerial Vehicle,UAV)一般是指无驾驶员,靠遥控或者程序自动控制的飞机。UAV 诞生于 20 世纪 20 年代,并随着军事和民用需求,自50 年代后迅速获得了广泛的重视和应用。UAV 相比传统有人飞机,其优点在于:①机上无飞行员,无需考虑飞行员安全问题,并且不受飞行员的生理条件限制;②机体尺寸相对较小,飞机质量较轻,制造成本和维护费用低。由于上述优点,UAV 在军事上被广泛应用于侦查、电子干扰、制导、定点袭击、巡逻和战场评估等方面;在民用方面,则主要用于航空摄影、灾情监测、气象探测、城市交通管理等[4]。

美国是研制和发展 UAV 的主要国家。此外,俄罗斯、英国、以色列等国也进行了 UAV 的研制并投入使用。随着技术的进步,UAV 技术发展趋势分为两个方向:一是朝微小型的方向发展;二是朝高空、长航时的方向发展。图 8.8 和图8.9 分别为美国的"捕食者"UAV 和"全球鹰"UAV。

图 8.8　美国"捕食者"UAV　　　　图 8.9　美国"全球鹰"UAV

自主导航技术能够辅助 UAV 从起点顺利飞行至目标点。在导航过程中,需要导航系统提供 UAV 的实时位置、速度和飞机姿态。随着导航系统智能化的普及与发展,各种导航技术的深入研究,导航系统的精度有了较大提高。精确的导航信息,是 UAV 稳定安全飞行的重要前提,所以,能够提供 UAV 飞行状态信息的导航系统的性能受到研究人员的极大关注,世界上诸多国家的科研人员已经在 UAV 导航方面进行了深入研究。与无人车、AUV 相同,捷联惯性导航系统是UAV 自主导航技术的主要应用基础。通常导航系统在 UAV 系统中具有提供信息的作用,常见的 UAV 制导与控制系统如图 8.10 所示。

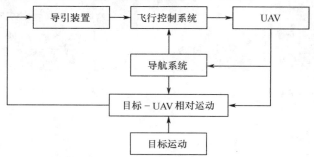

图 8.10　UAV 制导与控制系统框图

8.3 仿生智能弹药

将仿生蛇形机器人技术中的导航定位技术和 SLAM 技术应用到国防军工领域,便孕育出新型武器——仿生智能弹药,它的诞生推进了未来战争中侦察、打击的隐蔽性和实时性。与传统弹药相比,仿生智能弹药具有恶劣条件环境下的强适应性、强感知能力和避障能力的特点,并且由于自身的仿生效果和高集成能力,在特定环境下具有良好的伪装性,能够对复杂环境下目标进行探测、捕获甚至攻击。目前,经过国内外众多学者的不懈努力,仿生机器人已经被用于安全保障、反恐作战等不同领域,在当今的信息化战争中也凸显独特的应用优势。虽然没有直接关于仿生弹药的研究成果,但只要对已成功研制的仿生飞行器配备合适的弹药,便可成为一部具有攻击力和杀伤力的微小型弹药。

目前智能弹药的发展重点投向了空中扑翼仿生机器人,这类弹药能够惟妙惟肖地模仿鸟类等具备飞行能力的动物。实际上空中仿生机器人是一类以空中动物飞行为运动方式的无人飞行器,具有较强的巡航能力。根据特殊的军事需要,在集成了视觉传感器和装载子弹药后,可实现侦察、巡逻、目标打击等一系列任务[5],如荷兰代尔夫特大学的 RoboSwift"飞燕"、密歇根大学工程学院"机器蝙蝠"等,如图 8.11 所示。

(a) RoboSwift   (b) 机器蝙蝠

图 8.11 空中扑翼仿生机器人

借鉴水下生物游动特性,国内外研究了水下仿生机器人,通过摆动自身关节,与水流之间产生相互作用力,利用水流对自身的反作用力实现向前游动或悬浮停留,图 8.12 所示为麻省理工学院研制的金枪鱼器人仿生机器人 RoboTuna 和北京大学的机器鱼。

陆地仿生机器人主要是对自然界动物的运动步态进行仿生,以达到适应不同环境的效果,可分为无足式、双足式、四足式及多足式等 4 类机器人,如

（a）RoboTuna　　　　　（b）北京大学机器鱼

图 8.12　水中仿生机器人

图 8.13 所示。无足式仿生机器人具有多冗余自由度特点，主要是对蛇、蚯蚓、尺蠖等运动方式进行仿生，如以色列的侦查机械蛇。双足式仿生机器人主要是以人作为仿生对象，对机器人的运动控制的协调性、连贯性、平稳性等要求极高，克服摔倒问题是此类机器人必须面对的问题。由于研究正处于深入探索阶段，机器人仅能够实现低速缓慢运动。目前国内外此类研究成果主要是仿人机器人，如日本的"阿西莫"机器人、美国的"科戈"机器人、我国的"汇童"等。四足式仿生机器人具有运动速度快、负载能力强等特点，如美国 Bigdog 和"猎豹"四足仿生机器人、德国 Festo 袋鼠机器人，我国紧跟国际机器人技术研发脚步，也研制出具有强负载能力、高响应速度的四足仿生机器人。

（a）侦查机器蛇　　　　（b）双足阿西莫　　　　（c）四足机器人"Bigdog"

图 8.13　陆地仿生机器人

8.4　环境检测

环境检测技术主要是利用探测传感器进行监测和测量技术，以掌握环境具体状况为目的，如在管道检查、水下探测等[6]。

管道是一个重要的材料处理设施，广泛用于石油、化工、天然气、核工业、污水处理等领域。随着其使用寿命的增加，将产生异常，如侵蚀、堆积沉积物和泄漏等。为了提高管道的使用寿命，防止泄漏或其他意外事故的发生，需要对管道进行定期检测。众所周知，管道位于地下且长而窄，人们很难对其直接检测。机器人可作为一种有效的管道检测和维护设备,得到了越来越广泛的应用,如图 8.14 所示。机器人在管道内行走时,利用摄像头采集管道内环境录像,工作人员通过观察录像来对管道进行检测。因为相机有限的拍摄范围,可以看到的只有一个方向,而管道有一个圆柱形,大多数现有的检测机器人必须旋转相机拍摄管道图像。还有一个问题,监测机器人必须停止以记录管道各点的图像。因此,它需要较长的时间来测量管的形状。近年来,激光扫描仪用于管道检测,利用激光测距传感器采集管道壁面的深度数据并三维重建,可以对管道进行优于视频录像的细节检测,以发现管道存在的潜在危险,并进行及时维修。

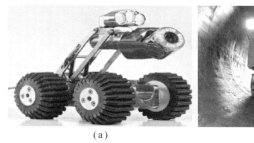

(a) (b)

图 8.14 管道检测机器人

建筑在水域里的桥墩常年饱受冲刷、侵蚀,会产生不同程度的损坏,需要进行检查和维修,如图 8.15 所示。然而,由于处于水下或者泥泞中,传统的人员检查并不方便,常会遇到难以预测的危险,况且检查的效率低、全面检查周期长。利用机器人的探测技术可辅助工作人员进行前期检查工作。经过防水处理的机器人能够代替工作人员深入危险性高的水下,通过远程控制可完成水下探测与检查任务。

(a) (b)

图 8.15 侵蚀的桥墩

智能化是随芯片技术、传感技术的发展,机器人变得非常人性化,可以根据人们的需求迅速、准确地完成给定的任务,同时还能够与操作者进行信息交互,以便更好地操作。科技的进步给人们带来极大的方便,很多工作如管道的检测、维护、清洁等大量的工作可以让机器人来完成,这就需要机器人要多功能化,这也是今后机器人发展的一个重要方向。另外,一些环境可能导致机器人需要长距离才能控制,这就要求机器人有很好的通信能力及续航能力,这些都是今后机器人发展要考虑的问题。

利用模块化技术可以将不同功能的单独模块按照客户的需求来自由组合,既方便又节省资源,而且模块化的探测或检查装置便于安装在载体上,可实现即插式的应用。

8.5 家庭服务型机器人

在当今科技快速发展浪潮中,家庭服务机器人融合多种应用技术,在智能家居中承担责无旁贷的枢纽角色,它的健康发展关系到人们生活质量稳步提高。家庭服务机器人是一种承担人们日常家庭生活服务的智能机器人,如清洁、运送、监视和探测等类型的工作,图8.16所示为扫地机器人和擦窗机器人。

（a）扫地机器人　　　　　　（b）擦窗机器人

图8.16　家庭服务机器人

早在20世纪80年代,欧美国家的科学家们就已经开始研究清洁机器人,以减轻人们的劳动强度,提高人们的生活质量。科学家们从一开始的机械研究,逐步深入到智能控制,终于完成了第一台清洁机器人,它可以实现区域打扫,但是对障碍物的判断缺乏准确性,有时候碰上了还继续前进,随后各国科学家都开始研究家用机器人。现在,国内外对扫地机器人的研究都有了一定的进步,这不仅体现在功能的完善,在外形上变化也逐步缩小,尽量满足地面的全区域覆盖式的清洁。尽管清洁机器人技术的发展还未达到期望的程度,但是清洁机器人正在渗透到家庭生活中,逐渐地为人们的生活提供便利,提高生活质量。

家庭服务机器人在完成清洁任务的过程中,难免会遇到障碍物或者高度存在落差的环境。倘若扫地机器人发生碰撞情况,则会出现空间遗漏或迷失方向的问题,而对于擦窗机器人,甚至会发生跌落现象。为了解决这些问题,红外传感器和超声波传感器等测距技术常被用于家庭服务机器人的环境感知功能上,结合有效、可行的控制方法和决策方案可确保机器人的工作效率。

互联网是当今科技发展的一个重要成果,让人们的日常办公、信息查询与交流变得更加便捷。随着知识社会创新2.0不断推进,互联网形态演进及其催生的经济社会发展新形态,即"互联网+",它也是互联网思维的进一步实践成果,代表一种先进的生产力,推动经济形态不断发生演变,从而激发社会经济实体的生命力,为改革、创新、发展提供广阔的网络平台。伴随"互联网+"孕育的产品逐渐进入市场,家庭服务机器人也得到了智能化的提升。使用由"互联网+"技术改进的机器人的人们,在完成机器人服务设定后,可自由出行,通过移动终端实时对机器人进行远程监察和控制,还可远程增设机器人的额外工作内容。由此可见,机器人技术不仅方便了人们生活,也促进了智能家居行业的发展。

8.6 新型智能装备

8.6.1 智能外骨骼

外骨骼原来指的是为生物提供保护和支持的坚硬的外部结构,而外骨骼技术发源于20世纪60年代的美国,结合了人的智能和机器人机械能量。智能外骨骼也称为外骨骼机器人,是在传统的外骨骼技术的基础上,赋予了自适应能力。目前,智能外骨骼主要用于现代战场上,采用外骨骼技术可以使士兵携带更多的武器装备,并能够增强士兵的行军能力,从而有效提高单兵作战能力,如图8.17所示。外骨骼同样可以装有传感器系统,以加强士兵的战场态势感知能力,还可以加装卫星通信和定位装置,让每个士兵都成为一个网络通信节点,指挥部可以清楚知道每个士兵目前所在的位置。装备外骨骼的普通士兵可在水平地面以4km/h的速度行进20km,持续最大速度为11km/h,爆发最大速度为16km/h。随着未来单兵机动力、防护力、进攻力和信息力的发展,单兵负重只会有增无减,甚至超出人体承受能力,所以,外骨骼的研究与应用具有重要的军事意义。

图8.17 装备外骨骼的士兵

在民用领域,智能外骨骼可以广泛应用于登山、旅游、消防、救灾等需要背负沉重的物资、装备而车辆又无法使用的情况,还可以用于辅助残疾人、老年人及下肢肌无力患者行走,普通人在外骨骼机器人的帮助下走路的速度可轻松地提高6~10km/h,具有很好的发展前景。

为此,世界各国都在积极研究能够增强人体负重能力的动力外骨骼设备。如美国的"勇士织衣"、军用动力外骨骼系统、法国的"大力神"外骨骼系统、俄罗斯的"士兵-21"外骨骼装备等。在其他国家中,美国和日本在智能外骨骼研制上取得的成果最显著。

8.6.2 行人航位推算

行人航位推算(Personal Dead Reckoning)[7],通过安装在人体上微惯性测量单元(MIMU,由三轴 MEMS 陀螺仪、三轴 MEMS 加速度计和三轴 MEMS 地磁传感器),检测人体行走的步长、步数和方向,推算出人体的行走轨迹和位置。PDR装置结合了人体形态学,故通常采用可穿戴式,如穿于手臂、腰间或者脚踝处。与 SLAM 技术相结合,该装置便可用于大型场所的室内定位、特殊环境下定位、火灾、地震等复杂环境定位。美国 Honeywell 推出一款名为人体航位推算单位(Dead Reckoning Module)的装置,如图 8.18 所示,它除了采用惯性测量单元外,还集成了压强计和 GPS,以确定人员的高度、位置以及提高脚步检测的精度。

图 8.18　Honeywell DRM

参 考 文 献

[1] 刘海涛. 工业机器人的高速高精度控制方法研究[D]. 广州:华南理工大学, 2012.

[2] Amitava Chatterjee, Anjan Rakshit, N. Nirmal singh. 基于视觉的机器人导航[M]. 连晓峰,等译. 北京:机械工业出版社, 2014.

[3] 何东旭. AUV 水下导航系统关键技术研究[D]. 哈尔滨:哈尔滨工程大学, 2013.

[4] 宋琳. 无人机飞行途中视觉导航关键技术研究[D]. 西安:西北工业大学, 2015.

[5] 苗昊春,杨栓虎,等. 智能化弹药[M]. 北京:国防工业出版社, 2014.

[6] 蔡辉. 排水管道检测机器人的设计及应用[D]. 长沙:湖南大学, 2012.

[7] 苏中,马晓飞,赵旭,等. 自主定位定向技术[M]. 北京:国防工业出版社, 2015.